高等职业教育土木建筑类专业

建筑与装饰工程计量与计价

主　编　杨洁云
副主编　徐　宁　陶　彦
参　编　王　俊

北京理工大学出版社
BEIJING INSTITUTE OF TECHNOLOGY PRESS

内 容 提 要

本书是针对高等职业教育特点，按照高等职业教育对人才培养的要求编写而成的活页式教材。根据造价员的典型性工作，本书共分三个模块，包括招标工程量清单编制、投标报价的确定、工程结算与竣工决算。

本书可作为高职高专院校工程造价、工程管理等专业的教材，也可作为相关造价人员的培训教材。

版权专有　侵权必究

图书在版编目(CIP)数据

建筑与装饰工程计量与计价 / 杨洁云主编.--北京：北京理工大学出版社，2021.9
　ISBN 978-7-5763-0346-9

Ⅰ.①建…　Ⅱ.①杨…　Ⅲ.①建筑工程—工程造价—高等职业教育—教材 ②建筑装饰—工程造价—高等职业教育—教材　Ⅳ.①TU723.3

中国版本图书馆CIP数据核字（2021）第185556号

出版发行 / 北京理工大学出版社有限责任公司
社　　址 / 北京市海淀区中关村南大街5号
邮　　编 / 100081
电　　话 / （010）68914775（总编室）
　　　　　（010）82562903（教材售后服务热线）
　　　　　（010）68944723（其他图书服务热线）
网　　址 / http://www.bitpress.com.cn
经　　销 / 全国各地新华书店
印　　刷 / 河北鑫彩博图印刷有限公司
开　　本 / 787毫米×1092毫米　1/16
印　　张 / 12.5　　　　　　　　　　　　　　　　责任编辑 / 阎少华
字　　数 / 332千字　　　　　　　　　　　　　　文案编辑 / 阎少华
版　　次 / 2021年9月第1版　2021年9月第1次印刷　责任校对 / 周瑞红
定　　价 / 48.00元　　　　　　　　　　　　　　责任印制 / 边心超

图书出现印装质量问题，请拨打售后服务热线，本社负责调换

FOREWORD 前言

　　本书以《建设工程工程量清单计价规范》（GB 50500—2013）、辽宁省《房屋建筑与装饰工程定额》、辽宁省《建筑工程费用标准》为依据，参阅大量资料和编者多年教学经验编写而成。

　　本书体现高等职业院校校企协同育人下的《建筑与装饰工程计量与计价》教学模式。该模式注重课程任务与实践情境的开发，强化学习者的主动体验度，激发学习者的主动参与性，可以在企业实战化基础上，将项目实施作为核心、岗位工作作为要领，形成完善的项目方案，合理编排教材内容。该教学模式下的整个教学活动以任务、试岗的形式开展，综合运用大量资料、案例等，通过模拟真实的工作环境，深入了解企业工作职责，通过试岗操作体现"校企合作模式"的教学理念。

　　本书根据高等职业教育特点，注重内容的先进性和实用性，力求将理论与实践紧密结合，语言简练，信息丰富，便于教学和自学。全书以某一建筑工程工程量清单和投标报价贯穿任务单，学生要根据理论学习，独自或小组配合完成任务单，并由教师对其实践能力进行考核。

　　本书由辽宁建筑职业学院杨洁云担任主编，徐宁、陶彦担任副主编，辽宁北辰工程造价咨询有限公司王俊参与编写。具体编写分工如下：模块1中项目1.1、项目1.2的1.2.1～1.2.10由徐宁编写；模块1中项目1.2的1.2.11～1.2.16、项目1.3由陶彦编写；模块2、模块3由杨洁云编写；附录由王俊编写。在教材的编写过程中，辽宁北辰工程造价咨询有限公司的张晓峰、张海焦提出了很多宝贵的意见，在此表示真挚的谢意。

　　本书编写过程中还得到了许多专家的指导，参考了许多同人的有关书籍和资料，谨此表示诚挚的谢意。

　　由于教材改革力度大，加上编者水平有限，教材中难免有不妥和错误之处，恳请专家、读者批评指正。

编　者

CONTENTS 目录

模块1　招标工程量清单编制 ········· 1

项目1.1　建筑面积计算 ········· 2

项目1.2　分部分项工程量清单编制 ········· 7

　　1.2.1　土石方工程量清单编制 ········· 7
　　1.2.2　地基处理与边坡支护工程量清单编制 ········· 12
　　1.2.3　桩基工程量清单编制 ········· 16
　　1.2.4　混凝土工程量清单编制 ········· 19
　　1.2.5　钢筋工程量清单编制 ········· 24
　　1.2.6　砌筑工程量清单编制 ········· 32
　　1.2.7　金属结构工程量清单编制 ········· 39
　　1.2.8　木结构工程量清单编制 ········· 43
　　1.2.9　屋面及防水工程量清单编制 ········· 47
　　1.2.10　保温、隔热、防腐工程量清单编制 ········· 51
　　1.2.11　楼地面工程量清单编制 ········· 54
　　1.2.12　墙柱面工程量清单编制 ········· 58
　　1.2.13　天棚工程量清单编制 ········· 63
　　1.2.14　门窗工程量清单编制 ········· 67
　　1.2.15　油漆、涂料、裱糊工程量清单编制 ········· 72
　　1.2.16　其他装饰工程量清单编制 ········· 77

项目1.3　措施费、其他项目费、规费和税金清单编制 ········· 81

　　1.3.1　措施项目工程量清单编制 ········· 81
　　1.3.2　其他项目清单编制 ········· 88
　　1.3.3　规费和税金清单编制 ········· 93

模块2　投标报价的确定 ········· 96

项目2.1　综合单价的确定 ········· 97

　　2.1.1　人工、材料、机械单价的确定 ········· 97

  2.1.2　管理费和利润的确定 …………………………………………………… 101

  2.1.3　综合单价的确定 ………………………………………………………… 104

  2.1.4　辽宁计价定额的使用 …………………………………………………… 108

 项目2.2　投标价的确定 …………………………………………………………… **112**

  2.2.1　分部分项工程费的确定 ………………………………………………… 112

  2.2.2　措施项目费的确定 ……………………………………………………… 116

  2.2.3　其他项目费、规费和税金的确定 ……………………………………… 119

  2.2.4　计价程序 ………………………………………………………………… 124

模块3　工程结算与竣工决算 …………………………………………………… 130

 项目3.1　工程价款结算 …………………………………………………………… **131**

  3.1.1　合同价款的支付 ………………………………………………………… 131

  3.1.2　合同价款的调整 ………………………………………………………… 136

 项目3.2　竣工决算 ………………………………………………………………… **140**

附录 ……………………………………………………………………………………… 152

 附录1　曙光新苑招标工程量清单实例 ………………………………………… 152

 附录2　曙光新苑投标报价实例 …………………………………………………… 172

参考文献 ………………………………………………………………………………… 194

模块1　招标工程量清单编制

▶▶ 模块描述

本模块以编制建筑与装饰工程工程量清单为主线，从总体到局部介绍工程量清单包含的内容、清单编码及清单中各分部分项工程量的计算规则。其主要内容为招标人或者受其委托具有相应资质的工程造价咨询单位依据2017年辽宁省《房屋建筑与装饰工程定额》工程量计量规则、《混凝土结构施工图平面整体表示方法制图规则和构造详图（现浇混凝土框架、剪力墙、梁、板）》（16G101—1）、《混凝土结构施工图平面整体表示方法制图规则和构造详图（现浇混凝土板式楼梯）》（16G101—2）、《平屋面建筑构造》（12J201）和工程设计的要求填写工程量计算书并编制工程量清单。

✴ 学习目标

※ 知识目标

1. 了解建筑面积和各项分部分项工程的基本概念，了解计算建筑面积的意义，以及分部分项工程的施工工艺，熟悉措施项目、其他项目、规费、税金的组成内容；
2. 掌握计算建筑面积、各分部分项工程及措施项目的计算规则和方法；
3. 熟悉各分部分项工程量清单编制的项目特征及工作内容。

※ 能力目标

1. 能够准确地计算建筑面积，计算各分部分项工程量，计取措施费、其他项目费、规费、税金等；
2. 能够熟练编制各分部分项工程、措施费、其他项目费、规费、税金的工程量清单；
3. 能够举一反三，从案例中吸取经验和教训，运用到其他工程实例中。

※ 素质目标

1. 通过学习本模块，培养认真、严谨、敬业的工匠精神；
2. 通过学习工程量清单编制，培养理论联系实际、认真观察生活的意识，提高对建筑从外在到内在的思维逻辑和价值观；
3. 通过建筑法律法规、建筑安全等的了解，做到知法守法，提升社会责任感。

项目 1.1　建筑面积计算

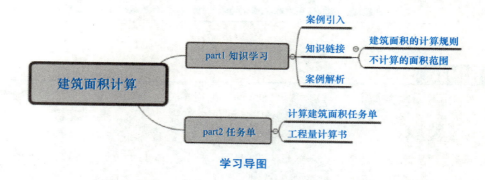

学习导图

Part1　知识学习

❖ 案例引入

【案例】　某单层建筑物如图 1-1-1 所示,建筑物内设有局部楼层,墙厚为 240 mm。试计算单层建筑物的建筑面积。

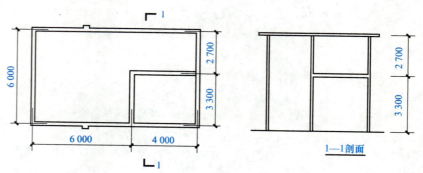

图 1-1-1　单层建筑物建筑面积

【分析】
1. 建筑面积如何计算?
2. 建筑面积都包含哪些?

❖ 知识链接

1. 建筑物的建筑面积

建筑物的建筑面积应以自然层外墙结构外围水平面积之和计算。结构层高在 2.20 m 及以上的应计算全面积;结构层高在 2.20 m 以下的应计算 1/2 面积。

2. 建筑物内设有局部楼层

建筑物内设有局部楼层时,对于局部楼层的二层及以上楼层,有围护结构的应按其围护结构外围水平面积计算，无围护结构的应按其结构底板水平面积计算。结构层高在 2.20 m 及以上的，应计算全面积；结构层高在 2.20 m 以下的，应计算 1/2 面积。

3. **建筑坡屋顶内和场馆看台**

形成建筑空间的坡屋顶，结构净高在 2.10 m 及以上的部位应计算全面积；结构净高在 1.20 m 及以上至 2.10 m 以下的部位应计算 1/2 面积；结构净高在 1.20 m 以下的部位不应计算建筑面积。

4. **场馆看台下的空间**

场馆看台下的建筑空间，结构净高在 2.10 m 及以上的部位应计算全面积；结构净高在 1.20 m 及以上至 2.10 m 以下的部位应计算 1/2 面积；结构净高在 1.20 m 以下的部位不应计算建筑面积。室内单独设置的有围护设施的悬挑看台，应按看台结构底板水平投影面积计算建筑面积。有顶盖无围护结构的场馆看台应按其顶盖水平投影面积的 1/2 计算面积。

5. **地下室、半地下室**

地下室、半地下室应按其结构外围水平面积计算，结构层高在 2.20 m 及以上的，应计算全面积；结构层高在 2.20 m 以下的，应计算 1/2 面积。

6. **出入口外墙外侧坡道**

出入口外墙外侧坡道有顶盖的部位应按其外墙结构外围水平面积的 1/2 计算面积。

7. **建筑物架空层及坡地建筑物的吊脚架空层**

建筑物架空层及坡地建筑物的吊脚架空层应按其顶板水平投影计算建筑面积。结构层高在 2.20 m 及以上的，应计算全面积；结构层层高在 2.20 m 以下的，应计算 1/2 面积。

8. **门厅、大厅**

建筑物的门厅、大厅应按一层计算建筑面积。门厅、大厅内设置的走廊应按走廊结构底板水平投影面积计算建筑面积。结构层高在 2.20 m 及以上的，应计算全面积；结构层高在 2.20 m 以下的，应计算 1/2 面积。

9. **架空走廊**

建筑物之间的架空走廊，有顶盖和围护结构的，应按其围护结构外围水平面积计算全面积；无围护结构、有围护设施的，应按其结构底板水平投影面积的 1/2 计算。

10. **立体书库、立体仓库、立体车库**

立体书库、立体仓库、立体车库，有围护结构的，应按其围护结构外围水平面积计算全面积；无围护结构、有围护设施的，应按其结构底板水平投影面积计算建筑面积。无结构层的应按一层计算，有结构层的应按其结构层面积分别计算。结构层高在 2.20 m 及以上的，应计算全面积；结构层高在 2.20 m 以下的，应计算 1/2 面积。

11. **舞台灯光控制室**

有围护结构的舞台灯光控制室，应按其围护结构外围水平面积计算。结构层高在 2.20 m 及以上的，应计算全面积；结构层高在 2.20 m 以下的，应计算 1/2 面积。

12. **落地橱**

附属在建筑物外墙的落地橱窗，应按其围护结构外围水平面积计算。结构层高在

2.20 m及以上的，应计算全面积；结构层高在2.20 m以下的，应计算1/2面积。

13. 凸(飘)窗

窗台与室内楼地面高差在0.45 m以下且结构净高在2.10 m及以上的凸(飘)窗，应按其围护结构外围水平面积计算1/2面积。

14. 走廊、挑廊

有围护设施的室外走廊、挑廊，应按其结构底板水平投影面积计算1/2面积；有围护设施(或柱)的檐廊，应按围护设施(或柱)外围水平面积计算1/2面积。

15. 门斗

门斗应按其围护结构外围水平面积计算建筑面积，结构层高在2.20 m及以上的，应计算全面积；结构层高在2.20 m以下的，应计算1/2面积。

16. 门廊、雨篷

门廊应按其顶板水平投影面积的1/2计算建筑面积。有柱雨篷应按其结构板水平投影面积的1/2计算建筑面积；无柱雨篷的结构外边线至外墙结构外边线的宽度在2.10 m及以上的，应按雨篷结构板的水平投影面积的1/2计算。

(1) 无柱雨篷：当$b>2.10$ m时，雨篷建筑面积为：$S=1/2\times a\times b$。
(2) 有柱雨篷：雨篷建筑面积为：$S=1/2\times a\times b$。

17. 楼梯间、水箱间、电梯机房等

设在建筑物顶部的、有围护结构的楼梯间、水箱间、电梯机房等，结构层高在2.20 m及以上的应计算全面积；结构层高在2.20 m以下的，应计算1/2面积。

18. 围护结构不垂直于水平面的楼层

围护结构不垂直于水平面的楼层，应按其底板面的外墙外围水平面积计算。结构净高在2.10 m及以上的部位，应计算全面积；结构净高在1.20 m及以上至2.10 m以下的部位，应计算1/2面积；结构净高在1.20 m以下的部位，不应计算建筑面积。

19. 室内楼梯、电梯井、提物井、管道井、通风排气竖井、烟道

建筑物的室内楼梯、电梯井、提物井、管道井、通风排气竖井、烟道应并入建筑物的自然层计算建筑面积，有顶盖的采光井应按一层计算建筑面积，结构净高在2.10 m及以上的，应计算全面积；结构净高在2.10 m以下的，应计算1/2面积。

20. 室外楼梯

室外楼梯应并入所依附建筑物的自然层，并应按其水平投影面积的1/2计算建筑面积。

21. 阳台

在主体结构内的阳台应按其结构外围水平面积计算建筑面积；在主体结构外的阳台，应按其结构底板水平投影面积计算1/2面积。

阳台建筑面积为：$S=1/2\times a\times b$。

22. 车棚、货棚、站台、加油站、收费站等

有顶盖无围护结构的车棚、货棚、站台、加油站、收费站等，应按其顶盖水平投影面积的1/2计算建筑面积。

货棚建筑面积为：$S=1/2\times a\times b$。

23. 幕墙
以幕墙作为围护结构的建筑物,应按幕墙外边线计算建筑面积。

24. 保温层
建筑物的外墙外保温层,应按其保温材料的水平截面面积计算,并入自然层建筑面积。

25. 变形缝
与室内相通的变形缝,应按其自然层合并在建筑物建筑面积内计算。对于高低联跨的建筑物,当高、低跨内部连通时,其变形缝应计算在低跨面积内。

26. 建筑物内的设备层、管道层、避难层
对于建筑物内的设备层、管道层、避难层等有结构层的楼层,结构层高在 2.20 m 及以上的,应计算全面积;结构层高在 2.20 m 以下的,应计算 1/2 面积。

不计算面积的范围如下:
(1)与建筑物内不相连通的建筑部件;
(2)骑楼、过街楼底层的开放公共空间和建筑物通道;
(3)舞台及后台悬挂幕布和布景的天桥、挑台等;
(4)露台、露天游泳池、花架、屋顶的水箱及装饰性结构构件;
(5)建筑物内的操作平台、上料平台、安装箱和罐体的平台;
(6)勒脚、附墙柱、垛、台阶、墙面抹灰、装饰面、镶贴块料面层、装饰性幕墙,主体结构外的空调室外机搁板(箱)、构件、配件,挑出宽度在 2.10 m 以下的无柱雨篷和顶盖高度达到或超过两个楼层的无柱雨篷;
(7)窗台与室内地面高差在 0.45 m 以下且结构净高在 2.10 m 以上的凸(飘)窗,窗台与室内地面高度差在 0.45 m 及以上的凸(飘)窗;
(8)室外爬梯、室外专用消防钢楼梯;
(9)无围护结构的观光电梯;
(10)建筑物以外的地下人防通道,独立的烟囱、烟道、地沟、油(水)罐、气柜、水塔、贮油(水)池、贮仓、栈桥等构筑物。

❖ 案例解析

【解析】 根据案例已知条件,结合建筑面积计算规则,编写工程量清单如下:

工程量计算书

工程名称:建筑面积　　　　　　标段:　　　　　　　　　　第 页共 页

序号	项目名称(构件部位)	计算过程	单位	工程数量
1	建筑面积	单层建筑面积为: 底层建筑面积 S_1=底层外墙外边线长×底层外墙外边线宽= $(6.0+4.0+0.24)×(3.30+2.70+0.24)=63.90(m^2)$ 楼隔层建筑面积 S_2=隔层结构外围长×隔层结构外围宽= $(4.0+0.24)×(3.30+0.24)=4.24×3.54=15.01(m^2)$ 总建筑面积 $S=S_1+S_2=63.90+15.01=78.91(m^2)$	m^2	78.91

Part2 任务单

任务单：编制建筑面积工程量计算书

	编制建筑面积工程量计算书任务单
任务完成环境	根据《曙光新苑建筑施工图纸》《曙光新苑结构施工图纸》要求，完成曙光新苑工程的建筑面积的计算。 1. 场地：教室。 2. 工具：计算器、图纸。 3. 工具书：①《建筑与装饰工程计量与计价》教材。 ②2017年辽宁省《房屋建筑与装饰工程定额》。 ③《建筑预算手册》 ④《混凝土结构施工图平面整体表示方法制图规则和构造详图现浇混凝土框架、剪力墙、梁、板》(16G101—1)、《混凝土结构施工图平面整体表示方法制图规则和构造详图(现浇混凝土板式楼梯)》(16G101—2)、《平屋面建筑构造》(12J201) 4. 材料：工程量计算书、建筑工程量清单表
任务完成时间	0.5 d
任务完成结果	编写建筑面积计算书
任务要求	1. 工程量计算时要按清单规定的计算规则、项目、单位进行； 2. 严格按照施工图纸计算，并按一定的顺序认真识图、审图，防止重算、漏算，确保数据准确、项目齐全； 3. 工程量清单编制：项目编码、项目特征编写要完整，内容齐全
任务重点	1. 工程量计算准确； 2. 工程量清单编制完整
任务反馈	

分部分项工程量计算书

工程名称：　　　　　　　　　　标段：　　　　　　　　　　第　页共　页

序号	项目名称(构件部位)	计算过程	单位	工程数量

项目 1.2　分部分项工程量清单编制

1.2.1　土石方工程量清单编制

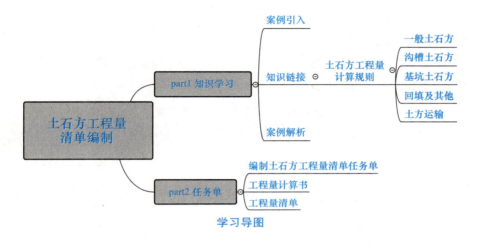

学习导图

Part1　知识学习

❖ 案例引入

【案例】　某建筑物基础平面图、剖面图如图 1-2-1 所示。已知室外设计地坪以下各工程量：垫层体积 2.4 m³，砖基础体积 16.24 m³。请编制挖基础土方、基础土方回填的分部分项工程量清单(放坡系数为 0.33，工作面宽度为 300 mm)。

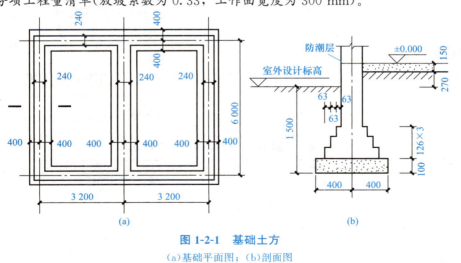

图 1-2-1　基础土方
(a)基础平面图；(b)剖面图

> 【分析】
> 1. 挖土方工程量如何计算？
> 2. 基础土方回填工程量如何计算？
> 3. 土方工程量清单如何编制？

❖ 知识链接

土石方工程量计算规则如下。

1. 土石方天然密实体计算

土石方的挖、推、铲、装、运等体积均以天然密实体积计算，填方按设计的回填体积计算。不同状态的土方体积按土方体积换算表相关系数换算，见表 1-2-1。

表 1-2-1 土石方体积换算系数表

名称	虚方	松填	天然密实	夯填
土方	1.00	0.83	0.77	0.67
	1.20	1.00	0.92	0.80
	1.30	1.08	1.00	0.87
	1.50	1.25	1.15	1.00
石方	1.00	0.85	0.65	—
	1.18	1.00	0.76	—
	1.54	1.31	1.00	—
砂夹石	1.07	0.94	1.00	—

2. 基础土石方的开挖深度

基础土石方的开挖深度，应按基础（含垫层）底标高至设计室外地坪标高（含石方允许超挖量）确定。进场交付施工场地标高与设计室外地坪标高不同时，应按进场交付施工场地标高确定。

3. 基础施工的工作面宽度

基础施工的工作面宽度，按施工组织设计（经过批准，下同）计算；施工组织设计无规定时，按下列规定计算：

（1）当组成基础的材料不同或施工方式不同时，基础施工的工作面宽度按表 1-2-2 计算。

表 1-2-2 基础施工单面工作面宽度计算表

基础材料	每面增加工作面宽度/mm
砖基础	200
毛石、方整石基础	250
混凝土基础、垫层（支模板）	400
基础垂直面做砂浆防潮层	800（自防潮层面）
基础垂直面做防水层或防腐层	1 000（自防水层或防腐层面）
支挡土板	150（另加）

(2)基础施工需要搭设脚手架时,基础施工的工作面宽度,条形基础按 1.50 m 计算(只计算一面);独立基础按 0.45 m 计算(四面均计算)。

(3)基坑土方大开挖需做边坡支护时,基础施工的工作面宽度按 2.00 m 计算。

(4)基坑内施工各种桩时,基础施工的工作面宽度按 2.00 m 计算。

(5)管道施工的工作面宽度,按表 1-2-3 计算。

表 1-2-3 管道施工单面工作面宽度计算表

管道材质	管道基础外沿宽度(无基础时管道外径)/mm			
	≤500	≤1 000	≤2 500	>2 500
混凝土管、水泥管	400	500	600	700
其他管道	300	400	500	600

4. 基础土方的放坡

(1)土方放坡的深度和放坡坡度,按施工组织设计计算;施工组织设计无规定时,按表 1-2-4 计算。

表 1-2-4 土方放坡起点深度和放坡坡度表

土壤类别	起点深度(>)m	放坡坡度			
		人工挖土	机械挖土		
			沟槽、坑内作业	基坑上作业	沟槽上作业
一、二类土	1.20	1:0.50	1:0.33	1:0.75	1:0.50
三类土	1.50	1:0.33	1:0.25	1:0.67	1:0.33
四类土	2.00	1:0.25	1:0.10	1:0.33	1:0.25

(2)基础土方放坡,自基础(含垫层)底标高算起。

(3)混合土质的基础土方,其放坡的起点深度和放坡坡度,按不同土类厚度加权平均计算。

(4)计算基础土方放坡时,不扣除放坡交叉处的重复工程量。

(5)基础土方支挡土板时,土方放坡不另计算。

(6)挖冻土及岩石不计算放坡。

(7)如设计规定挖管沟放坡尺寸,按照设计图示尺寸计算土方工程量;如无规定,则按定额规定的放坡系数计算管沟土方工程量。

5. 沟槽土石方(010101、010102)

沟槽土石方,按设计图示沟槽长度乘以沟槽断面面积,以体积计算。

(1)条形基础的沟槽长度,按设计规定计算;设计无规定时,按下列规定计算:

①外墙沟槽,按外墙中心线长度计算。凸出墙面的墙垛,按墙垛凸出墙面的中心线长度,并入相应工程量内计算。

②内墙沟槽、框架间沟槽,按基础(含垫层)之间垫层(或基础底)的净长度计算。

(2)管道的沟槽长度,按设计规定计算;设计无规定时,以设计图示管道中心线长度(不扣除下口直径或边长≤1.5 m 的井池)计算。下口直径或边长>1.5 m 的井池的土石方,另按基坑的相应规定计算。

(3)沟槽的断面面积,应包括工作面宽度、放坡宽度或石方允许超挖量的面积。

6. 基坑土石方(010101、010102)

基坑土石方，按设计图示基础(含垫层)尺寸，另加工作面宽度、土方放坡宽度或石方允许超挖量乘以开挖深度，以体积计算。

7. 一般土石方(010101、010102)

一般土石方，按设计图示基础(含垫层)尺寸，另加工作面宽度、土方放坡宽度或石方允许超挖量乘以开挖深度，以体积计算。机械施工坡道的土石方工程量，并入相应工程量内计算。

8. 桩间挖土(010101)

桩间挖土，设计有桩顶承台的按承台外边线乘以实际桩间挖土深度计算，无承台的按桩外边线均外扩 0.6 m 乘以实际桩间挖土深度计算，桩间挖土不扣除桩体积和空孔所占体积，挖土交叉处产生的重复工程量不扣除。

9. 挖淤泥流砂(010101)

挖淤泥流砂，以实际挖方体积计算。

10. 人工挖冻土(010101)

人工挖(含爆破后挖)冻土，按实际冻土厚度，以体积计算。机械挖冻土，冻土层厚度在 300 mm 以内时，不计算挖冻土费用；冻土层厚度超过 300 mm 时，按实际冻土厚度，以体积计算，执行"机械破碎冻土"项目。破碎后冻土层的挖、装、运执行挖、装、运石渣相应定额项目。

11. 岩石爆破后人工清理基底与修整边坡(010102)

岩石爆破后人工清理基底与修整边坡，按岩石爆破的规定尺寸(含工作面宽度和允许超挖量)以面积计算。

12. 回填及其他(010103)

(1)平整场地，按设计图示尺寸，以建筑物首层建筑面积计算。建筑物地下室结构外边线凸出首层结构外边线时，其凸出部分的建筑面积合并计算。其公式为

$$S_平 = 首层建筑面积$$

(2)基底钎探，以垫层(或基础)底面积计算。

(3)原土夯实与碾压，按施工组织设计规定的尺寸，以面积计算。填土夯实与碾压，按图示填土厚度以 m^3 计算。

(4)回填土区分夯填、松填按图示回填体积并依下列规定，以体积计算：

①沟槽、基坑回填，按挖方体积减去设计室外地坪以下建筑物、基础(含垫层)体积计算。

沟槽、基坑回填体积＝挖土体积－自然地坪标高以下的埋设砌筑物的体积

②管道沟槽回填，按挖方体积减去管道基础和下表管道折合回填体积计算。当管径≤300 mm 时，不扣除管道所占体积；当管径＞300 mm 时，可按表 1-2-5 扣除管道所占体积计算。

表 1-2-5　管道折合回填体积表　　　　　　　　　　　　　　m^3/m

管道	公称直径(mm 以内)					
	301～500	501～600	601～800	801～1 000	1 101～1 200	1 201～1 500
混凝土管及钢筋混凝土管道	0.24	0.33	0.60	0.92	1.15	1.45
其他材质管道	0.13	0.22	0.46	0.74	按实计算	按实计算

③房心(含地下室内)回填，按主墙间净面积(扣除单个面积 2 m^3 以上的设备基础等面积)乘以回填厚度以体积计算。

室内回填土＝主墙之间的净面积×回填土厚度

回填土厚度＝室内外高差－(地面面层厚度＋垫层厚度)

④场区(含地下室顶板以上)回填，按回填面积乘以平均回填厚度以体积计算。

13. 土方运输，以天然密实体积计算(010101、010104)

挖土总体积减去回填土(折合天然密实体积)，总体积为正，则为余土外运；总体积为负，则为取土内运。

余土外运体积＝挖土总体积－回填土总体积

14. 爆破岩石超挖量(010105)

爆破岩石每边及坑底的允许超挖量分别为极软岩、软岩(0.20 m)、较软岩、较硬岩、坚硬岩(0.15 m)。

❖ 案例解析

【解析】 根据案例已知条件，结合土方清单计算规则，编写工程量清单如下：

工程量计算书

工程名称：土方工程　　　　　标段：　　　　　　　　　　　　第　页共　页

序号	项目名称（构件部位）	计算过程	单位	工程数量
1	人工挖沟槽土方	$V=$挖土深度×(沟槽基础垫层宽度＋2×工作面宽度＋放坡系数×挖土深度)×沟槽长度＝$H(a+2c+KH)L=1.5\times(0.8+2\times0.3+0.33\times1.5)\times[(6.4+6)\times2+(6-0.4\times2-0.3\times2)]=83.57(m^3)$	m^3	83.57
2	人工回填	(1)基础回填体积。$V_1=$挖土体积－室外地坪以下埋设的砌筑量＝$83.50-2.4-16.24=64.86(m^3)$ (2)房心回填土体积。$V_2=$室内地面面积×室内外高差＝$(3.2-0.24)\times(6-0.24)\times2\times0.27=9.21(m^3)$ 总的回填土 $V_回=64.86+9.21=74.07(m^3)$	m^3	74.07

分部分项工程工程量清单表

工程名称：土方工程　　　　　标段：　　　　　　　　　　　　第　页共　页

序号	项目编码	项目名称	项目特征描述	计量单位	工程数量
1	010101003001	人工挖沟槽土方	1. 土壤类别：二类土；2. 挖土深度：1.5 m；3. 放坡系数：0.33；4. 工作面宽：300 mm	m^3	83.57
2	010103001007	人工回填、夯实	1. 人工回填；2. 人工夯实	m^3	74.07

Part2 任务单

任务单：编制土方工程量清单

<table>
<tr><td colspan="2" align="center">编制土方工程量清单任务单</td></tr>
<tr><td>任务完成环境</td><td>根据《曙光新苑建筑施工图纸》《曙光新苑结构施工图纸》要求，完成曙光新苑工程的基础土方工程量计算以及工程量清单编制。
1. 场地：教室。
2. 工具：计算器、图纸。
3. 工具书：①《建筑与装饰工程计量与计价》教材。
②2017年辽宁省《房屋建筑与装饰工程定额》。
③《建筑预算手册》
④《混凝土结构施工图平面整体表示方法制图规则和构造详图（现浇混凝土框架、剪力墙、梁、板）》(16G101—1)、《混凝土结构施工图平面整体表示方法制图规则和构造详图（现浇混凝土板式楼梯）》(16G101—2)、《平屋面建筑构造》(12J201)等
4. 材料：工程量计算书、建筑工程量清单表</td></tr>
<tr><td>任务完成时间</td><td>2 d</td></tr>
<tr><td>任务完成结果</td><td>1. 编写土方工程量计算书；
2. 编制土方工程量清单</td></tr>
<tr><td>任务要求</td><td>1. 工程量计算时要按清单规定的计算规则、项目、单位进行；
2. 严格按照施工图纸计算，并按一定的顺序认真识图、审图，防止重算、漏算，确保数据准确、项目齐全；
3. 工程量清单编制：项目编码、项目特征、编写要完整，内容齐全</td></tr>
<tr><td>任务重点</td><td>1. 工程量计算准确；
2. 工程量清单编制完整</td></tr>
<tr><td>任务反馈</td><td></td></tr>
</table>

1.2.2 地基处理与边坡支护工程量清单编制

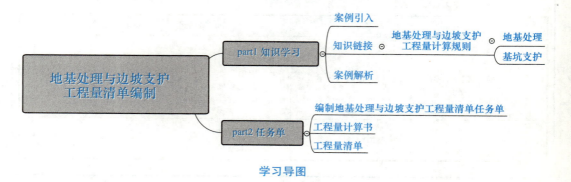

学习导图

Part1 知识学习

❖ 案例引入

【案例】 某别墅工程基底为可塑黏土,不能满足设计承载力要求,采用水泥粉煤灰碎石桩进行地基处理,桩径为400 mm,桩体强度等级为C20,桩数为52根,设计桩长为10 m,桩端进入硬塑黏土层不少于1.5 m,桩顶在地面以下1.5～2 m,水泥粉煤灰碎石桩采用振动沉管灌注桩施工。试列出该工程地基处理分部分项工程项目清单。

【分析】
1. 为什么处理地基?
2. 处理地基有哪些方法?
3. 什么是边坡支护?边坡支护有哪些方法?
4. 地基处理与边坡支护工程量清单如何编制?

❖ 知识链接

地基处理与边坡支护工程量计算规则如下。

1. 地基处理(010201)

(1)换填垫层、山皮石摊铺以面积计算,其余按设计图示尺寸以体积计算。

(2)铺设土工合成材料按设计图示尺寸以面积计算。

(3)堆载预压、真空预压按设计图示尺寸以加固面积计算。

(4)强夯地基按设计图示强夯处理范围以面积计算。设计无规定时,按建筑物外围轴线每边各加4 m计算。

(5)碎石桩、砂石桩、水泥粉煤灰碎石桩、挤密桩均按设计桩长(包括桩尖)乘以设计桩外径截面面积,以体积计算。

(6)搅拌桩。

①深层水泥搅拌桩、三轴水泥搅拌桩、高压旋喷水泥桩按设计桩长加50 cm乘以设计桩外径截面面积,以体积计算。

②三轴水泥搅拌桩中的插、拔型钢工程量按设计图示型钢以质量计算。

(7)高压旋喷水泥桩成孔按设计图示尺寸以桩长计算。

(8)石灰桩按设计桩长(包括桩尖)以长度计算。

(9)分层注浆钻孔数量按设计图示以钻孔深度计算。注浆数量按设计图纸注明加固土体的体积计算。

(10)压密注浆钻孔数量按设计图示以钻孔深度计算。注浆数量按下列规定计算:

①设计图纸明确加固土体体积的,按设计图纸注明的体积计算。

②设计图纸以布点形式图示土体加固范围的,则按两孔间距的一半作为扩散半径,以布点边线各加扩散半径,形成计算平面,计算注浆体积。

③如果设计图纸注浆点在钻孔灌注桩之间,按两注浆孔的一半作为每孔的扩散半径,依此圆柱体积计算注浆体积。

(11)凿桩头按凿桩长度乘以断面以体积计算。凿桩长度设计有规定时,按设计要求计算,设计无规定时,按0.5 m计算。

2. 基坑支护(010202)

(1)地下连续墙。

①现浇导墙混凝土按设计图示,以体积计算。

②成槽工程量按设计长度乘以墙厚及成槽深度(设计室外地坪至连续墙底),以体积计算。

③锁口管以"段"为单位(段指槽壁单元槽段),锁口管吊拔按连续墙段数计算,定额中已包括锁口管的摊销费用。

④清底置换以"段"为单位(段指槽壁单元槽段)。

⑤浇筑连续墙混凝土工程量按设计长度乘以墙厚及墙深加0.5 m,以体积计算。

⑥凿地下连续墙超灌混凝土,设计无规定时,其工程量按墙体断面面积乘以0.5 m,以体积计算。

(2)钢板桩。

①打拔钢板桩按设计桩体以质量计算。

②钢板桩使用天数费=钢板桩定额使用量×使用天数×钢板桩使用费标准(元/t·d)。钢板桩使用天数按实际算,使用费标准为9元/(t·d)。

③安、拆导向夹具按设计图示尺寸以长度计算。

(3)打入式土钉按入土深度以长度计算。

(4)砂浆土钉、砂浆锚杆的钻孔、灌浆,按设计文件或施工组织设计规定(设计图示尺寸)的钻孔深度,以长度计算。喷射混凝土护坡区分土层与岩层,按设计文件(或施工组织设计)规定尺寸,以面积计算。钢筋、钢绞线、钢管锚杆按设计图示以质量计算。锚头制作、安装、张拉、锁定按设计图示以套计算。泄水孔以个计算。

(5)挡土板按设计文件(或施工组织设计)规定的支挡范围,以面积计算。

(6)钢支撑按设计图示尺寸以质量计算,不扣除孔眼质量,焊条、铆钉、螺栓等也不另增加质量。

❖ **案例解析**

【解析】 根据案例已知条件,结合地基处理清单计算规则,编写工程量清单如下:

工程量计算书

工程名称:地基处理与边坡支护工程　　标段:　　　　　　　　第　页共　页

序号	项目名称 (构件部位)	计算过程	单位	工程数量
1	水泥粉煤灰碎石桩	$V=$桩截面面积×桩长$=\pi r^2 \times h = 3.14 \times 0.2^2 \times 10 \times 52 = 65.312(m^3)$	m³	65.312
2	凿桩头	$N=$凿桩头个数$=52$(根)	根	52

分部分项工程工程量清单表

工程名称：地基处理与边坡支护工程　　　　标段：　　　　　　　　第　页共　页

序号	项目编码	项目名称	项目特征描述	计量单位	工程数量
1	010201008002	水泥粉煤灰碎石桩	1. 地层情况：三类土； 2. 桩长：10 m； 3. 桩径：400 mm； 4. 成孔方法：振动沉管； 5. 混合料轻度等级：C20	m^3	65.312
2	010301004004	凿桩头	1. 桩类型：水泥粉煤灰碎石桩； 2. 桩头截面：400 mm； 3. 混凝土强度等级：C20	根	52

Part2　任务单

任务单：编制地基处理与边坡支护工程量清单

编制地基处理与边坡支护工程量清单任务单	
任务完成环境	根据《曙光新苑建筑施工图纸》《曙光新苑结构施工图纸》及《曙光新苑施工组织设计》要求，完成曙光新苑工程的边坡支护工程量计算以及工程量清单编制。 该工程基础施工期间，为防止坑壁塌方，对基坑四壁以1:0.5坡度放坡，横纵间距均为 2 m 打锚杆，单根锚杆长度 1.5 m，锚杆为直径 30 mm 螺纹钢。挂钢筋网后采用 C20 细石混凝土护壁厚 60 mm 喷坡。 1. 场地：教室。 2. 工具：计算器、图纸。 3. 工具书：①《建筑与装饰工程计量与计价》教材。 　　　　　②2017 年辽宁省《房屋建筑与装饰工程定额》。 　　　　　③《建筑预算手册》。 　　　　　④《混凝土结构施工图平面整体表示方法制图规则和构造详图(现浇混凝土框架、剪力墙、梁、板)》(16G101—1)、《混凝土结构施工图平面整体表示方法制图规则和构造详图(现浇混凝土板式楼梯)》(16G101—2)、《平屋面建筑构造》(12J201)等。 4. 材料：工程量计算书、建筑工程量清单表
任务完成时间	2 d
任务完成结果	1. 编写边坡支护工程量计算书； 2. 编制边坡支护工程量清单
任务要求	1. 工程量计算时要按清单规定的计算规则、项目、单位进行； 2. 严格按照施工图纸计算，并按一定的顺序认真识图、审图，防止重算、漏算，确保数据准确、项目齐全； 3. 工程量清单编制：项目编码、项目特征、编写要完整，内容齐全
任务重点	1. 工程量计算准确； 2. 工程量清单编制完整
任务反馈	

1.2.3 桩基工程量清单编制

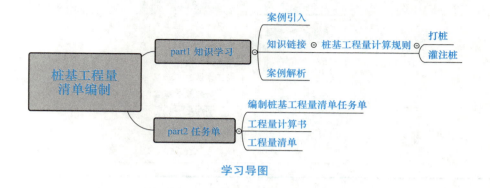

学习导图

Part1　知识学习

❖ 案例引入

【案例】　某工程使用打桩机,打桩长度为24.6 m(包含桩尖)、截面尺寸为500 mm×500 mm 的钢筋混凝土预制方桩,共50根。试编制钢筋混凝土方桩的工程量清单。

【分析】
1. 桩基有哪几种形式?
2. 如何计算桩基工程量?
3. 桩基工程量清单如何编制?

❖ 知识链接

桩基工程量计算规则如下。

1. 打桩(010301)

(1)预制钢筋混凝土方桩打、压预制钢筋混凝土方桩按设计桩长(包括桩尖)乘以桩截面面积,以体积计算。

(2)预应力钢筋混凝土管桩。

①打、压预应力钢筋混凝土管桩按设计桩长(不包括桩尖),以长度计算。

②预应力钢筋混凝土管桩钢桩尖按设计图示尺寸,以质量计算。

③预应力钢筋混凝土管桩,如设计要求桩孔内加注填充材料时,填充部分执行人工挖孔桩灌桩芯定额项目,人工、机械乘以系数1.25。

④桩头灌芯按设计尺寸以灌注体积计算。

(3)钢管桩。

①钢管桩按设计要求的桩体质量计算。

②钢管桩内切割、精割盖帽按设计要求的数量计算。

③钢管桩管内钻孔取土、填芯,按设计桩长(包括桩尖)乘以填芯截面面积,以体积计算。

(4)打桩工程的送桩均按设计桩顶标高至打桩前的自然地坪标高另加 0.5 m，计算相应的送桩工程量：$V_{送桩}=S\times(H_1+0.5)$。

(5)预制混凝土桩、钢管桩电焊接桩，按设计要求接桩头的数量计算。

(6)预制混凝土桩截桩按设计要求的截桩数量计算。

(7)预制混凝土桩凿桩头（除预制管桩外）按设计图示桩截面面积乘以凿桩头长度，以体积计算。凿桩头长度设计无规定时，桩头长度按桩体主筋直径 40 倍计算，主筋直径不同时取大者；灌注混凝土桩凿桩头按设计加灌高度（设计有规定按设计要求，设计无规定按 0.5 m）乘以桩身设计截面面积以体积计算。

2. 灌注桩(010302)

(1)回旋钻机成孔、冲击钻机成孔工程量按打桩前自然地坪标高至设计桩底标高的成孔长度计算。其余机械成孔工程量按打桩前自然地坪标高的成孔长度乘以设计桩径截面面积，以体积计算。

(2)冲击成孔机施工场内移动及安装、拆卸，按移动次数计算。

(3)回旋钻机成孔、冲击成孔机成孔设计深度在 20 m 以内时，执行孔深 20 m 以内相应定额；设计深度超过 20 m 时，超出部分执行 20 m 以上定额项目。

(4)机械成孔灌注桩灌注混凝土工程量按设计桩径截面面积乘以设计桩长（包括桩尖）另加加灌长度，以体积计算。加灌长度设计有规定时，按设计要求计算，无规定时，按 0.5 m 计算。

(5)沉管成孔工程量按打桩前自然地坪标高至设计桩底标高（不包括预制桩尖）的成孔长度乘以钢管外径截面面积，以体积计算。

(6)沉管桩灌注混凝土工程量按钢管外径截面面积乘以设计桩长（不包括预制桩尖）另加加灌长度，以体积计算。加灌长度设计有规定时，按设计要求计算，无规定时，按 0.5 m 计算。

(7)人工挖孔桩挖孔工程量分别按进入土层、岩石层的成孔长度乘以设计护壁外围截面面积，以体积计算。

人工挖孔桩一般是由柱体、圆台、球缺组成，计算时分别按圆柱、圆台和球缺计算工程量。球缺的体积计算公式为

$$V_{球缺}=\pi h^2\left(R-\frac{h}{3}\right)$$

式中各字母的含义如图 1-2-2 所示。

图 1-2-2 球缺

人工挖孔桩施工图中一般只标注球缺半径 r 的尺寸，无球体的半径 R 尺寸，所以需要求 R。

如图已知：
$$R^2=r^2+(R-h)^2$$

$$R^2 = r^2 + R^2 - 2Rh + h^2$$
$$2Rh = r^2 + h^2$$
$$R = \frac{r^2 + h^2}{2h}$$

(8)人工挖孔桩灌注混凝土桩芯工程量分别按设计图示截面面积乘以设计桩长另加加灌长度,以体积计算。加灌长度设计有规定时,按设计要求计算,无规定时,按 0.25 m 计算。人工挖孔扩底灌注桩按图示护壁内径圆台体积及扩大桩头实体积以体积计算。护壁混凝土按设计图示尺寸以体积计算。

(9)钻孔灌注桩、人工挖孔桩,设计要求扩底时,其扩底工程量按设计尺寸以体积计算,并入相应的工程量内。

(10)泥浆制作、运输按实际成孔工程量,以体积计算。

(11)埋设钢护筒区分不同桩径,按长度计算。

(12)桩孔回填工程量按打桩前自然地坪标高至桩加灌长度的顶面乘以桩孔截面面积,以体积计算。

(13)钻孔压浆桩工程量按设计桩长,以长度计算。

(14)注浆管、声测管埋设工程量按打桩前的自然地坪标高至设计桩底标高另加 0.5 m,以长度计算。

(15)桩底(侧)后压浆工程量按设计注入水泥用量,以质量计算。

❖ **案例解析**

【解析】 根据案例已知条件,结合方桩清单计算规则,编写工程量清单如下:

工程量计算书

工程名称:桩基工程   标段: 第 页共 页

序号	项目名称(构件部位)	计算过程	单位	工程数量
1	预制 C30 钢筋混凝土方桩 50 根	根据图示尺寸以桩长(包含桩尖)计算: 工程量=桩截面面积×桩长×桩个数=0.5×0.5×(24+0.6)×50=307.50(m³)	m³	307.50

分部分项工程工程量清单表

工程名称:桩基工程   标段: 第 页共 页

序号	项目编码	项目名称	项目特征描述	计量单位	工程数量
1	010301001002	预制钢筋混凝土方桩	1. 土壤级别:二级土; 2. 单桩长度:24.6 m; 3. 根数:50 根; 4. 桩截面:500 mm×500 mm; 5. 混凝土强度等级:C30	m³	307.50

Part2 任务单

任务单：编制桩基工程量清单

编制桩基工程量清单任务单	
任务完成环境	根据《曙光新苑建筑施工图纸》《曙光新苑结构施工图纸》要求，完成曙光新苑工程的桩基工程量计算及工程量清单编制。 1. 场地：教室。 2. 工具：计算器、图纸。 3. 工具书：①《建筑与装饰工程计量与计价》教材。 ②2017年辽宁省《房屋建筑与装饰工程定额》。 ③《建筑预算手册》。 ④《混凝土结构施工图平面整体表示方法制图规则和构造详图（现浇混凝土框架、剪力墙、梁、板）》(16G101—1)、《混凝土结构施工图平面整体表示方法制图规则和构造详图（现浇混凝土板式楼梯）》(16G101—2)、《平屋面建筑构造》(12J201)等。 4. 材料：工程量计算书、建筑工程量清单表
任务完成时间	3 d
任务完成结果	1. 编写桩基工程量计算书； 2. 编制桩基工程量清单
任务要求	1. 工程量计算时要按清单规定的计算规则、项目、单位进行； 2. 严格按照施工图纸计算，并按一定的顺序认真识图、审图，防止重算、漏算，确保数据准确、项目齐全 3. 工程量清单编制：项目编码、项目特征、编写要完整，内容齐全
任务重点	1. 工程量计算准确； 2. 工程量清单编制完整
任务反馈	

1.2.4 混凝土工程量清单编制

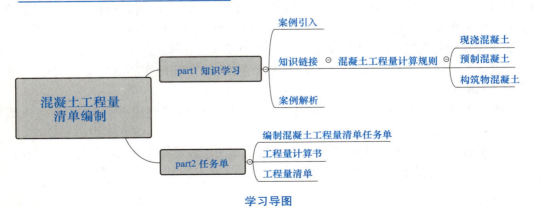

学习导图

Part1 知识学习

❖ 案例引入

【案例】 某工程的25个独立基础平面、剖面如图1-2-3所示,计算独立基础的现浇碎石混凝土C30工程量。

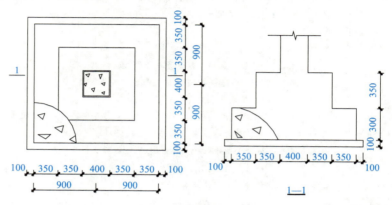

图1-2-3 独立基础平面、剖面图

【分析】
1. 混凝土工程量计算规则是什么?
2. 混凝土工程量清单如何编制?

❖ 知识链接

混凝土工程量计算规则如下:

1. 现浇混凝土计算(010501～010508)

(1)混凝土工程量除另有规定者外,均按设计图示尺寸以体积计算,不扣除构件内钢筋、预埋铁件及墙、板中0.3 m²以内的孔洞所占体积。

(2)基础:按设计图示尺寸以体积计算,不扣除伸入承台基础的桩头所占面积。

①带形基础有肋时,在肋高(指基础扩大顶面至梁顶面的高)≤1.2 m时,将肋与基础的工程量合并计算,按带形基础定额项目计算;在肋高>1.2 m时,将扩大顶面以下的基础部分,按带形基础项目计算,扩大顶面以上部分,按混凝土墙子目计算。

②箱式基础分别按基础、柱、墙、梁、板等有关规定计算。

③设备基础除块体设备基础(块体设备基础是指没有空间的实心混凝土形状)外,其他类型设备基础分别按基础、柱、墙、梁、板等有关规定计算。

④独立基础、杯形基础,均按体积以 m³ 计算。杯形基础应扣除插柱的空杯部分体积。

⑤桩承台工程量按体积以 m³ 计算。预制桩上部的承台不扣除浇入承台的桩头体积。

(3)柱:按设计图示尺寸以体积计算。

柱高计算：

①柱与板相连接的柱高，应自柱基上表面（或楼板上表面）至上一层楼板上表面之间的高度计算。

②带柱帽的柱，柱与板相连的柱高，应自柱基上表面（或楼板上表面）至柱帽下表面之间的高度计算。柱帽工程量合并到柱子工程量内计算。柱帽工程量算至板底。

③框架柱的柱高应自柱基上表面至柱顶高度计算。

④构造柱的柱高按全高计算，嵌接墙体部分（马牙槎）并入柱身体积。

⑤依附柱上的牛腿，并入柱身体积内计算。

⑥钢管混凝土柱以钢管高度按照钢管内径计算混凝土体积。

(4)墙：按设计图示尺寸以体积计算，扣除门窗洞口及 $0.3 m^2$ 以外孔洞所占体积，墙垛及凸出部分并入墙体积内计算。直形墙中门窗洞口上的梁并入墙体积；短肢剪力墙结构砌体内门窗洞口上的梁并入梁体积。

墙与柱相连接时，墙算至柱边；墙与梁相连接时，墙算至梁底面；墙与板相连接时，板算至墙侧面；未凸出墙面的暗梁、暗柱合并到墙体积计算。

(5)梁：按设计图示尺寸以体积计算，伸入砖墙内的梁头、梁垫并入梁体积内。

梁长计算：

①梁与柱连接时，梁长算至柱侧面。

②主梁与次梁连接时，次梁长算至主梁侧面。

③圈梁、压顶按设计图示尺寸以体积计算。

④圈梁与过梁连接者，分别套用圈梁、过梁定额，其过梁长度按门、窗口外围宽度两端共加 50 cm 计算。

(6)板：按设计图示尺寸以体积计算，不扣除单个（截面）面积 $0.3 m^2$ 以内的柱、墙垛及孔洞所占体积。

①板与梁连接时，板宽（长）算至梁侧面。

②各类现浇板伸入砖墙内的板头并入板体积内计算；薄壳板的肋、基梁并入薄壳体积内计算。

③空心板按设计图示尺寸以体积（扣除空心部分）计算。

④叠合梁、叠合板按两次浇筑部分体积计算。

(7)栏板、扶手按设计图示尺寸以体积计算，伸入砖墙内的部分并入栏板、扶手体积计算。

栏板与墙的界限划分：栏板高度 1.2 m 以下（含压顶扶手及翻沿）为栏板，1.2 m 以上为墙；屋面混凝土女儿墙高度>1.2 m 时执行相应墙项目，≤1.2 m 时执行相应栏板项目。

(8)挑檐、天沟按设计图示尺寸以墙外部分体积计算。挑檐、天沟板与板（包括屋面板）连接时，以外墙的外边线为分界线；与梁（包括圈梁等）连接时，以梁的外边线为分界线；外墙外边线以外的板为挑檐、天沟。

(9)凸阳台（包括凸出外墙外侧用悬挑梁悬挑的阳台）按阳台板项目计算；凹进墙内的阳台，按梁、板分别计算，阳台栏板、压顶及扶手分别按栏板、压顶及扶手项目计算。

(10)雨篷梁、板工程量合并，按雨篷以体积计算，高度≤400 mm 的栏板并入雨篷体积内计算，栏板高度>400 mm 时，其全高按栏板计算。

(11)楼梯（包括休息平台，平台梁、斜梁及楼梯的连接梁）按设计图示尺寸以水平投影面积计算,如两跑以上楼梯水平投影有重叠部分,重叠部分单独计算水平投影面积,不扣除宽度小于500 mm楼梯井,伸入墙内部分不计算。当整体楼梯与现浇楼板无楼梯的连接梁连接时,以楼梯的最后一个踏步边缘加300 mm为界。

(12)散水、坡道与台阶(包括整体散水、坡道、台阶及混凝土散水、台阶)按设计图示尺寸,以水平投影面积计算,不扣除单个0.3 m²以内的孔洞所占面积。三步以内的整体台阶的平台面积并入台阶投影面积内计算,三步以上的台阶与平台连接时,其投影面积应以最上层踏步外沿加300 mm计算。

(13)场馆看台、地沟、电缆沟、明沟、混凝土后浇带按设计图示尺寸以体积计算。

(14)二次灌浆按照实际灌注混凝土体积计算。

(15)空心楼板筒芯、箱体安装,均按体积计算。

(16)建筑模网墙内的构造柱、圈梁、过梁混凝土与墙混凝土合并计算。

(17)小型构件、现浇混凝土栏杆按设计图示尺寸以体积计算。

2. 预制混凝土(010509~010517)

(1)预制混凝土均按设计图示尺寸以体积计算,不扣除构件内钢筋、铁件及小于0.3 m³的孔洞所占体积。

(2)预制混凝土构件接头灌缝预制混凝土构件接头灌缝,均按预制混凝土构件体积计算。

3. 构筑物混凝土(010701)

(1)构筑物混凝土除另有规定者外,均按设计图示尺寸以体积计算。不扣除构件内钢筋、预埋铁件及单个面积0.3 m²以内的孔洞所占体积。

(2)贮水(油)池不分平底、锥底、坡底,均按池底板计算;壁基梁、池壁不分圆形壁和矩形壁,均按池壁计算;其他项目均按现浇混凝土部分相应项目计算。有壁基梁的,应以壁基梁底为界,以上为池壁,以下为池底;无壁基梁的,锥形坡底应算至其上口,池壁下部的八字靴脚应并入池底体积内。无梁池盖的柱高应从池底上表面算至池盖下表面,柱帽和柱座应并在柱体积内,套用现浇混凝土柱定额。肋形池盖应包括主梁、次梁体积;球形池盖应以池壁顶面为界,边侧梁应并入球形池盖体积内。

壁基梁是指池壁与坡底或锥底上口相衔接的池壁基础梁。壁基梁的高度为梁底至池壁下部的底面。

(3)贮仓立壁和贮仓漏斗以相互交点水平线为界,壁上圈梁应并入漏斗体积内。

(4)水塔。

①筒式塔身应以筒座上表面或基础地板上表面为界,柱式(框架式)塔身应以柱脚与基础底板或梁顶为界,与基础底板连接的梁应并入基础体积内。塔身与水箱应以箱底相连接的圈梁下表面为界,以上为水箱,以下为塔身。

②依附于塔身的过梁、雨篷、挑檐等并入筒身的体积内计算;柱式塔身不分柱、梁合并计算。依附于水箱壁的柱、梁,应并入水箱壁体积内。

(5)烟囱。烟囱高度是指基础顶面至烟囱壁顶面的高度;烟囱基础包括基础底板及筒座,筒座以上为筒壁。

❖ 案例解析

【解析】 根据案例已知条件，结合混凝土清单计算规则，编写工程量清单如下：

工程量计算书

工程名称：混凝土工程　　　　　　标段：　　　　　　　　第　页共　页

序号	项目名称（构件部位）	计算过程	单位	工程数量
1	独立基础混凝土工程量C30	独立基础混凝土C30工程量 基础下层混凝土量： V_1＝基础下层混凝土长×基础下层混凝土宽×基础下层混凝土高＝1.8×1.8×0.3＝0.972(m^3) 基础顶层混凝土量： V_2＝基础顶层混凝土长×基础顶层混凝土宽×基础顶层混凝土高＝1.1×1.1×0.35＝0.42(m^3) 总体积$V＝V_1＋V_2$＝(0.42＋0.972)×25＝34.80(m^3)	m^3	34.80

分部分项工程工程量清单表

工程名称：混凝土工程　　　　　　标段：　　　　　　　　第　页共　页

序号	项目编码	项目名称	项目特征描述	计量单位	工程数量
1	010501003002	独立基础混凝土工程量C30	1. 混凝土类别：现浇碎石混凝土； 2. 混凝土强度等级：C30	m^3	34.80

Part2　任务单

任务单：编制混凝土工程量清单

编制混凝土工程量清单任务单	
任务完成环境	根据《曙光新苑建筑施工图纸》《曙光新苑结构施工图纸》要求，完成曙光新苑工程的混凝土工程量计算以及工程量清单编制。 1. 场地：教室。 2. 工具：计算器、图纸。 3. 工具书：①《建筑与装饰工程计量与计价》教材。 　　　　　②2017年辽宁省《房屋建筑与装饰工程定额》。 　　　　　③《建筑预算手册》。 　　　　　④《混凝土结构施工图平面整体表示方法制图规则和构造详图（现浇混凝土框架、剪力墙、梁、板）》(16G101—1)、《混凝土结构施工图平面整体表示方法制图规则和构造详图（现浇混凝土板式楼梯）》(16G101—2)、《平屋面建筑构造》(12J201)等。 4. 材料：工程量计算书、建筑工程量清单表
任务完成时间	10 d
任务完成结果	1. 编写混凝土工程量计算书； 2. 编制混凝土工程量清单
任务要求	1. 工程量计算时要按清单规定的计算规则、项目、单位进行； 2. 严格按照施工图纸计算，并按一定的顺序认真识图、审图，防止重算、漏算，确保数据准确、项目齐全； 3. 工程量清单编制：项目编码、项目特征、编写要完整，内容齐全
任务重点	1. 工程量计算准确； 2. 工程量清单编制完整
任务反馈	

> **知识拓展**

港珠澳大桥(图1-2-4)是"一国两制"框架下、粤港澳三地首次合作共建的超大型跨海通道,全长为55 km,设计使用寿命为120年,总投资约1 200亿元人民币。该大桥于2003年8月启动前期工作,2009年12月开工建设,筹备和建设前后历时达十五年,于2018年10月开通营运。港珠澳大桥在建设过程中遇到了哪些难点?中国的工程技术人员又是如何攻克的呢?

图1-2-4　港珠澳大桥

大桥主体工程由粤、港、澳三方政府共同组建的港珠澳大桥管理局负责建设、运营、管理和维护,三地口岸及连接线由各自政府分别建设和运营。主体工程实行桥、岛、隧组合,总长约29.6 km,穿越伶仃航道和铜鼓西航道段约6.7 km为隧道,东、西两端各设置一个海中人工岛(蓝海豚岛和白海豚岛),犹如"伶仃双贝"熠熠生辉;其余路段约22.9 km为桥梁,分别设有寓意三地同心的"中国结"青州桥、人与自然和谐相处的"海豚塔"江海桥,以及扬帆起航的"风帆塔"九洲桥三座通航斜拉桥。

——来源:学习强国

1.2.5　钢筋工程量清单编制

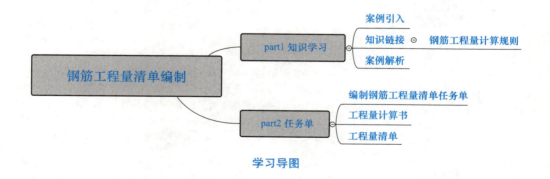

学习导图

Part1　知识学习

❖ 案例引入

【案例】　某工程现浇混凝土梁如图1-2-5所示,求该梁的钢筋质量(混凝土强度等级采用C30,保护层厚度为25 mm)。

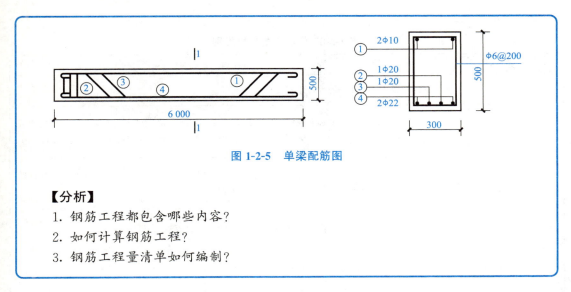

图 1-2-5 单梁配筋图

【分析】
1. 钢筋工程都包含哪些内容?
2. 如何计算钢筋工程?
3. 钢筋工程量清单如何编制?

❖ 知识链接

钢筋工程量(010515、010516)计算规则如下:

(1)现浇、预制构件钢筋。按设计图示钢筋长度乘以单位理论质量计算。钢筋理论净质量是根据施工图纸的钢筋长度乘以钢筋的单位质量(每米质量)计算的,即

$$钢筋理论净质量 = \sum(钢筋长度 \times 每米质量)$$

(2)钢筋每米质量计算。钢筋每米质量可查表 1-2-6 或采用下列公式计算:

$$W = 0.006\,165 d^2$$

式中 W——每米质量(kg/m);
　　　d——为钢筋直径(mm)。

表 1-2-6 钢筋每延米质量表

直径/mm	6	6.5	8	10	12	14	16	18	20	22	25	28
单位质量/(kg·m⁻¹)	0.222	0.260	0.395	0.617	0.888	1.208	1.578	1.998	2.446	2.984	3.850	4.834

(3)钢筋长度计算。

①混凝土保护层厚度。混凝土保护层厚度,图纸有规定时按规定计算,无规定时按表 1-2-7 计算。

表 1-2-7 混凝土保护层最小厚度　　　　　　　　　　　　　　　　　　mm

环境类别	板、墙	梁、柱
一	15	20
二 a	20	25
二 b	25	35
三 a	30	40
三 b	40	50

混凝土的环境类别见表 1-2-8。

表 1-2-8 混凝土的环境类别

环境类别	条件
一	室内干燥环境；无侵蚀性静水浸没环境
二 a	室内潮湿环境；非严寒和非寒冷地区的露天环境；非严寒和非寒冷地区与无侵蚀性的水或土壤直接接触的环境；严寒和寒冷地区的冰冻线以下与无侵蚀性的水或土壤直接接触的环境
二 b	干湿交替的环境；水位频繁变动的环境；严寒和寒冷地区的露天环境；严寒和寒冷地区的冰冻线以上与无侵蚀性的水或土壤直接接触的环境
三 a	严寒和寒冷地区冬季水位变动区环境；受除冰盐影响环境；海风环境
三 b	盐渍土环境；受除冰盐作用环境；海岸环境
四	海水环境
五	受人为或自然的侵蚀性物质影响的环境

②钢筋弯钩增加长度。钢筋弯钩有180°半圆弯钩、135°斜弯钩、90°直弯钩三种形式。弯钩长度按设计规定计算增加长度，若设计无规定时，可按图 1-2-6 计算。

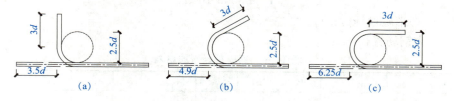

图 1-2-6 钢筋弯钩图

(a)90°直弯钩；(b)135°斜弯钩；(c)180°半圆弯钩

弯钩每个增加长度：135°斜弯钩 $4.9d$，180°圆弯钩 $6.25d$，90°直弯钩 $3.5d$。

③弯起钢筋增加长度（ΔL）（图 1-2-7）。

弯起钢筋的弯起角度有 30°、45°、60°三种，其弯起增加长度 ΔL 为

当 $\alpha=30°$ 时，$S=2h \Delta L=S-L=0.268h$

当 $\alpha=45°$ 时，$S=1.414h \Delta L=S-L=0.414h$

当 $\alpha=60°$ 时，$S=1.155h \Delta L=S-L=0.577h$

$h=$ 构件的厚度 $-2\times$ 保护层的厚度

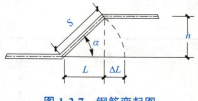

图 1-2-7 钢筋弯起图

④钢筋锚固增加长度，是指不同构件交接处彼此的钢筋应相互锚入。如柱与主梁、主梁与次梁、梁与板等交接处，钢筋相互锚入，以增加结构的整体性。受拉钢筋抗震锚固长度见表 1-2-9。

表 1-2-9 受拉钢筋抗震锚固长度 L_{aE}

钢筋种类及抗震等级		C20	C25		C30		C35		C40	
		d≤25	d≤25	d>25	d≤25	d>25	d≤25	d>25	d≤25	d>25
HPB300	一、二级	45d	39d	—	35d	—	32d	—	29d	—
	三级	41d	36d	—	32d	—	29d	—	26d	—
HRB335 HRBF335	一、二级	44d	38d	—	33d	—	31d	—	29d	—
	三级	40d	35d	—	30d	—	28d	—	26d	—
HRB400 HRBF400	一、二级	—	46d	51d	40d	45d	37d	40d	33d	37d
	三级	—	42d	46d	37d	41d	34d	37d	30d	34d
HRB500 HRBF500	一、二级	—	55d	61d	49d	54d	45d	49d	41d	46d
	三级	—	50d	56d	45d	49d	41d	45d	38d	42d

⑤钢筋的搭接。本定额中关于钢筋的搭接是按结构搭接和定尺搭接两种情况分别考虑的。

a. 钢筋结构搭接。钢筋结构搭接是指按设计图示及规范要求设置的搭接。若按设计图示及规范要求计算钢筋搭接长度的,应按设计图示及规范要求计算搭接长度;若设计图示及规范未标明搭接长度的,则不应另外计算钢筋搭接长度。纵向受拉钢筋抗震搭接长度见表 1-2-10。

表 1-2-10 受拉钢筋抗震搭接长度 L_{lE}

	钢筋种类及同一区段内搭接钢筋面积百分率		C20	C25		C30		C35		C40	
			d≤25	d≤25	d>25	d≤25	d>25	d≤25	d>25	d≤25	d>25
一、二级抗震等级	HPB300	≤25%	54d	47d	—	42d	—	38d	—	35d	—
		50%	63d	55d	—	49d	—	45d	—	41d	—
	HRB335 HRBF335	≤25%	53d	46d	—	40d	—	37d	—	35d	—
		50%	62d	53d	—	46d	—	43d	—	41d	—
	HRB400 HRBF400	≤25%	—	55d	61d	48d	54d	44d	48d	40d	44d
		50%	—	64d	71d	56d	63d	52d	56d	46d	52d
	HRB500 HRBF500	≤25%	—	66d	73d	59d	65d	54d	59d	49d	55d
		50%	—	77d	85d	69d	76d	63d	69d	57d	44d
三级抗震等级	HPB300	≤25%	49d	43d	—	38d	—	35d	—	31d	—
		50%	57d	50d	—	45d	—	41d	—	36d	—
	HRB335 HRBF335	≤25%	48d	42d	—	36d	—	34d	—	31d	—
		50%	56d	49d	—	42d	—	39d	—	36d	—
	HRB400 HRBF400	≤25%	—	50d	55d	44d	49d	41d	44d	36d	41d
		50%	—	59d	64d	52d	57d	48d	52d	42d	48d
	HRB500 HRBF500	≤25%	—	60d	67d	54d	59d	49d	54d	46d	50d
		50%	—	70d	78d	63d	69d	57d	63d	53d	59d

b. 钢筋定尺搭接在实际施工中所使用的钢筋,通常情况下是生产企业按国家规定的标准生产供应的具有固定长度的钢筋。

定额对钢筋"定尺搭接"接头数量的计算办法规定如下：

ⓐφ22 以内的直条长钢筋按每 12 m 计算一个钢筋搭接接头。

ⓑ使用盘圆或盘螺钢筋只计算结构搭接接头数量，不计算"定尺搭接"接头数量。

ⓒφ25 及以上的直条长钢筋按每 9 m 计算一个机械连接接头。

c. 钢筋"定尺搭接"的搭接方式及搭接长度计算如下：

ⓐ绑扎连接：φ22 以内(不含 φ14 及以上的竖向钢筋的连接)的钢筋绑扎接头搭接长度是按绑扎、焊接综合考虑的，定尺搭接接头的长度已按"定尺搭接接头数量ⓐ、ⓑ"计算原则计入在制作损耗系数内，具体搭接增加的系数详见"定尺搭接增加系数表"(表 1-2-11)。

表 1-2-11　定尺搭接增加系数表

钢筋规格	φ10	φ12	φ14	φ16	φ18	φ20	φ22
搭接系数	1.75%	2.10%	2.45%	2.80%	3.15%	3.50%	3.85%

ⓑ电渣压力焊：本定额中 φ14 及以上的竖向钢筋的连接是按电渣压力焊考虑，只计算接头个数，不计算搭接长度。

ⓒ机械连接：φ25 及以上水平方向钢筋的连接按机械连接考虑，只计算接头个数，不计算搭接长度。

ⓓ在实际施工中，无论采用何种搭接方式，均按本定额规定执行，不予调整。

ⓔ在实际施工中，发生的结构搭接与定尺搭接重复计算的连接个数应扣除，按定尺搭接的总量乘以系数 0.7 计算连接个数(电渣压力焊或机械连接)。

⑥箍筋长度计算。

$$箍筋长度 = (箍筋的内周长 + 两个弯钩长) \times 箍筋个数$$

$$箍筋个数 = \frac{构件长 - 保护层}{箍筋间距} + 1$$

为简便起见，箍筋长度 = 构件截面周长 － 8 × 箍筋保护层 ＋ 两个弯钩长度

箍筋弯钩多采用抗震结构的 135° 弯钩，每个弯钩增加值取 11.90d 及 75 mm ＋ 1.9d 中较大的数值。

⑦圆形箍筋(图 1-2-8)、螺旋箍筋(图 1-2-9)计算。

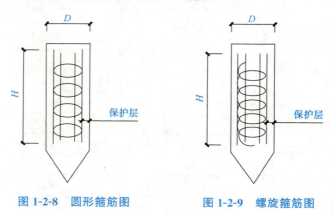

图 1-2-8　圆形箍筋图　　图 1-2-9　螺旋箍筋图

圆形箍筋 =(圆箍周长 + 勾长)× 根数 × 单位质量

螺旋箍筋 = 螺旋箍筋长 × 单位质量

$$=\sqrt{1+\left[\frac{\pi(D-50)}{b}\right]^2}\times H\times 单位质量$$

式中　D——直径(mm)；
　　　b——螺距(mm)；
　　　H——钢筋笼高度(m)。

(4)先张法预应力钢筋按设计图示钢筋长度乘以单位理论质量计算。

(5)后张法预应力钢筋按设计图示钢筋(绞线、丝束)长度乘以单位理论质量计算。

①低合金的钢筋两端均采用螺杆锚具时，钢筋长度按孔道长度减 0.35 m 计算，螺杆另行计算。

②低合金的钢筋一端采用镦头插片，另一端采用螺杆锚具，钢筋长度按孔道长度计算，螺杆另行计算。

③低合金的钢筋一端采用镦头插片，另一端采用帮条锚具时钢筋按增加 0.15 m 计算；两端均采用帮条锚具时，钢筋长度按孔道长度增加 0.3 m 计算。

④低合金的钢筋采用后张混凝土自锚时，钢筋长度按孔道长度增加 0.35 m 计算。

⑤低合金的钢筋(钢绞线)采用 JM、XM、OVM、QM 型锚具，孔道长度≤20 m 时，钢筋长度按孔道长度增加 1 m 计算；孔道长度>20 m 时，钢筋长度按孔道长度增加 1.8 m 计算。

⑥碳素钢丝采用锥形锚具，孔道长度≤20 m 时，钢丝束长度按孔道长度增加 1 m 计算；孔道长度>20 m 时，钢丝束长度按孔道长度增加 1.8 m 计算。

⑦碳素钢丝采用镦头锚具时，钢丝束长度按孔道长度增加 0.35 m 计算。

(6)预应力钢丝束、钢绞线锚具。预应力钢丝束、钢绞线锚具长度按孔道长度增加 0.35 m 计算。

(7)钢筋接头数量计算。当设计要求钢筋接头采用机械或电渣压力焊连接时，按数量计算，不再计算该处的钢筋搭接长度。

(8)植筋按数量计算。植筋质量按外露和植入部分长度之和乘以单位理论质量计算。

(9)钢筋网片、混凝土灌注桩钢筋笼、地下连续墙钢筋笼。按设计图示钢筋长度乘以单位理论质量计算。

(10)混凝土构件预埋铁件、螺栓，按设计图示尺寸，以质量计算。

(11)钢筋长度按中心线长度计算。

❖ 案例解析

【解析】　根据案例已知条件，结合梁钢筋计算规则，编写工程量清单如下：

工程量计算书

工程名称：钢筋工程　　　　　　　　标段：　　　　　　　　　　第　页共　页

序号	项目名称（构件部位）	计算过程	单位	工程数量
1	2根Φ10上部通长筋	2根Φ10钢筋=(构件长−2×保护层厚度+2×弯钩长度)×钢筋根数×钢筋单位质量=(6−0.025×2+12.5×0.01)×2×0.617=12.15×0.617=7.50(kg)	kg	7.50

续表

序号	项目名称（构件部位）	计算过程	单位	工程数量
2	2根Φ20钢筋（弯起筋）	2根Φ20钢筋（弯起筋）＝(构件长－2×保护层厚度＋2×钢筋弯起增加值＋2×弯钩长度)×弯起筋根数×钢筋单位质量＝(6－0.025×2＋0.41×0.45×2＋2×6.25×0.02)×2×2.47＝6.569×2×2.47＝32.45(kg)	kg	32.45
3	2根Φ22下部通长筋	2根Φ22钢筋＝(构件长－2×保护层厚度＋2×弯钩长度)×钢筋根数×钢筋单位质量＝(6－0.025×2＋2×6.25×0.022)×2×2.98＝12.45×2.98＝37.10(kg)	kg	37.10
3	箍筋：Φ6	Φ6箍筋： 根数＝$\dfrac{构件长－保护层}{箍筋间距}$＋1＝(6－0.025×2)÷0.2＋1＝31(根) 箍筋长度＝(箍筋的内周长＋两个弯钩长)×箍筋个数×钢筋单位质量＝[(0.3－0.025×2)×2＋(0.5－0.025×2)×2＋11.9×0.006×2]×31×0.222＝49.6×0.222＝10.62(kg)	kg	10.62

分部分项工程工程量清单表

工程名称：钢筋工程　　　　　　　标段：　　　　　　　　　第　页共　页

序号	项目编码	项目名称	项目特征描述	计量单位	工程数量
1	010515001017	2根Φ10钢筋	1. 钢筋型号：Φ10； 2. 混凝土强度等级：C30； 3. 根数：2根	kg	7.50
2	010515001022	2根Φ20钢筋（弯起筋）	1. 钢筋型号：Φ20； 2. 混凝土强度等级：C30； 3. 根数：2根	kg	32.45
3	010515001023	2根Φ22钢筋	1. 钢筋型号：Φ22； 2. 混凝土强度等级：C30； 3. 根数：2根	kg	37.10
4	010515001001	箍筋：Φ6	1. 钢筋型号：Φ6； 2. 混凝土强度等级：C30	kg	10.62

Part2　任务单

任务单：编制钢筋工程量清单

编制钢筋工程量清单任务单	
任务完成环境	根据《曙光新苑建筑施工图纸》《曙光新苑结构施工图纸》要求，完成曙光新苑工程的钢筋工程量计算以及工程量清单编制。 1. 场地：教室。 2. 工具：计算器、图纸。 3. 工具书：①《建筑与装饰工程计量与计价》教材。 ②2017年辽宁省《房屋建筑与装饰工程定额》。 ③《建筑预算手册》。 ④《混凝土结构施工图平面整体表示方法制图规则和构造详图(现浇混凝土框架、剪力墙、梁、板)》(16G101—1)、《混凝土结构施工图平面整体表示方法制图规则和构造详图(现浇混凝土板式楼梯)》(16G101—2)、《平屋面建筑构造》(12J201)等。 4. 材料：工程量计算书、建筑工程量清单表
任务完成时间	10 d
任务完成结果	1. 编写钢筋工程量计算书； 2. 编制钢筋工程量清单
任务要求	1. 工程量计算时要按清单规定的计算规则、项目、单位进行； 2. 严格按照施工图纸计算，并按一定的顺序认真识图、审图，防止重算、漏算，确保数据准确、项目齐全； 3. 工程量清单编制：项目编码、项目特征、编写要完整，内容齐全
任务重点	1. 工程量计算准确； 2. 工程量清单编制完整
任务反馈	

> **知识拓展**
>
> 　　钢筋混凝土的发明出现在近代。1872年，世界第一座钢筋混凝土结构的建筑在美国纽约落成，人类建筑史上一个崭新的纪元从此开始。钢筋混凝土结构在1900年之后在工程界方得到了大规模的使用。1928年，一种新型钢筋混凝土结构形式预应力钢筋混凝土出现，并于第二次世界大战后也被广泛地应用于工程实践。钢筋混凝土的发明及19世纪中叶钢材在建筑业中的应用使高层建筑与大跨度桥梁的建造成为可能。
>
> 　　钢筋混凝土是当今最主要的建筑材料之一，但它的发明者既不是工程师，也不是建筑材料专家，而是法国一位名为莫尼埃的园艺师。莫尼埃有个很大的花园，一年四季开着美丽的鲜花，但是花坛经常被游客踏碎。为此，莫尼埃常想："有什么办法可使人们既能踏上花坛，又不容易踩碎呢？"有一天，莫尼埃移栽花时，不小心打碎了一盆花，花盆摔成了碎片，花根四周的土却仅仅包成一团。"噢！花木的根系纵横交错，把松软的泥土牢牢地连在了一起！"他从这件事上得到启发，将铁丝仿照花木根系编成网状，然后和水泥、砂石一起搅拌，做成花坛，果然十分牢固。
>
> 　　　　　　　　　　　　　　　　　　　　　　　　——来源：百度百科

1.2.6　砌筑工程量清单编制

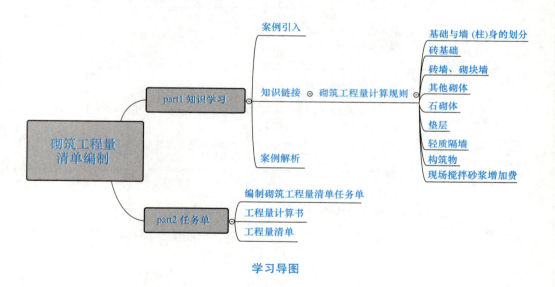

学习导图

Part1　知识学习

◆ **案例引入**

　　【案例】某工程平面图、剖面图如图1-2-10所示，门窗统计表见表1-2-12。采用空心砖墙，砖墙为M5混合砌筑砂浆，纵横墙均设C20混凝土圈梁，圈梁尺寸为240 mm×180 mm，求、内外墙体的工程量。

表 1-2-12 门窗统计表

序号	设计编号	规格/(mm×mm)
1	M1	1 200×2 400
2	M2	900×2 000
3	C1	1 800×1 800

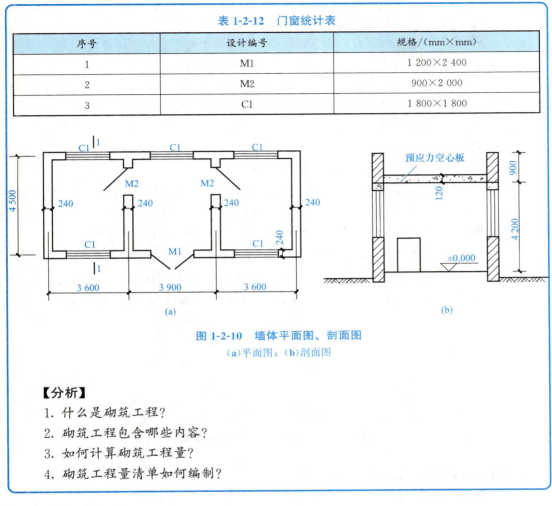

图 1-2-10 墙体平面图、剖面图
（a）平面图；（b）剖面图

【分析】

1. 什么是砌筑工程？
2. 砌筑工程包含哪些内容？
3. 如何计算砌筑工程量？
4. 砌筑工程量清单如何编制？

❖ 知识链接

砌筑工程量计算规则如下：

1. 基础与墙(柱)身的划分(图 1-2-11)

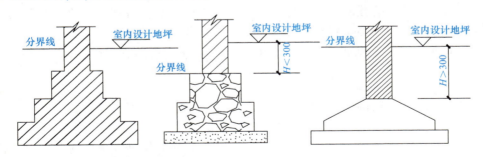

图 1-2-11 基础与墙体分界线图

（1）基础与墙(柱)身使用同一种材料时，以设计室内地面为界(有地下室者，以地下室室内设计地面为界)，以下为基础，以上为墙(柱)身。

33

(2)基础与墙（柱）身使用不同材料时，位于设计室内地面高度≤±300 mm时，以不同材料为分界线，高度＞±300 mm时，以设计室内地面为分界线。

(3)砖砌地沟不分墙基和墙身，按不同材质分别合并工程量套用相应项目。

(4)围墙以设计室外地坪为界，以下为基础，以上为墙身。

(5)石基础、石勒脚、石墙的划分：基础与勒脚应以设计室外地坪为界，勒脚与墙身应以设计室内地面为界。石围墙内、外地坪标高不同时，应以较低地坪标高为界，以下为基础；内、外标高之差为挡土墙时，挡土墙以上为墙身。

2. 砖基础(010401)

砖基础工程量按设计图示尺寸以体积计算。

(1)附墙垛基础宽出部分体积按折加长度合并计算，扣除地梁（圈梁）、构造柱所占体积，不扣除基础大放脚T形接头处的重叠部分及嵌入基础内的钢筋、铁件、管道、基础砂浆防潮层和单个面积在0.3 m²以内的孔洞所占体积，靠墙暖气沟的挑檐不增加。

基础体积＝基础断面面积×基础长度－∑埋入构件体积＋∑应增加基础体积

(2)基础长度：外墙按外墙中心线长度计算；内墙按内墙基净长线计算（图1-2-12）。

(3)单个面积超过0.3 m²的孔洞所占体积应予扣除，其洞口上混凝土过梁应另行计算。

图1-2-12 内墙基础、内墙净长线图

3. 砖墙(010401)、砌块墙(010402)

砖墙、砌块墙按设计图示尺寸以体积计算。

(1)扣除门窗、洞口、嵌入墙内的钢筋混凝土柱、梁、圈梁、挑梁、过梁及凹进墙内的壁龛、管槽、暖气槽、消火栓箱、门窗侧面预埋的混凝土块所占体积，不扣除梁头、板头、檩头、垫木、木楞头、沿缘木、木砖、门窗走头、砖墙内加固钢筋、木筋、铁件、钢管及单个面积0.3 m²以内的孔洞所占的体积。凸出墙面的腰线、挑檐、压顶、窗台线、虎头砖、门窗套的体积也不增加。凸出墙面的砖垛并入墙体体积内计算。

砖墙、砌块墙体积 ＝ 墙厚×（墙高×墙长－门窗洞口的面积）－∑埋入构件体积＋∑应增加体积

(2)墙长度：外墙按中心线、内墙按净长计算。

(3)墙高度：

①外墙：斜（坡）屋面无檐口天棚者算至屋面板底；有屋架且室内外均有天棚者算至屋架下弦底另加200 mm；无天棚者算至屋架下弦底另加300 mm；出檐宽度超过600 mm时按实砌高度计算；有钢筋混凝土楼板隔层者算至板顶。平屋顶算至钢筋混凝土板底。

②内墙：位于屋架下弦者，算至屋架下弦底；无屋架者算至天棚底另加100 mm；有钢筋混凝土楼板隔层者算至楼板底；有框架梁时算至梁底。

③女儿墙：从屋面板上表面算至女儿墙顶面(如有混凝土压顶时算至压顶下表面)。

④坡屋顶、内、外山墙：按其平均高度计算。

(4)墙厚度：按设计图示尺寸计算。

(5)框架间墙：不分内外墙按墙体净尺寸以体积计算。

(6)围墙：高度算至压顶上表面(如有混凝土压顶时算至压顶下表面)，围墙柱并入围墙体积内。

(7)空心砖、多孔砖墙，不扣除其孔、空心部分体积，其中实心砖砌体部分已包括在项目内，不另计算。

4. 其他砌体(010402)

(1)空斗墙按设计图示尺寸以空斗墙外形体积计算。

①墙角、内外墙交接处、门窗洞口立边、窗台砖屋檐处的实砌部分体积已包括在空斗墙体积内。

②空斗墙的窗间墙、窗台下、楼板下、梁头下等的实砌部分，应另行计算，套用零星砌体项目。

(2)空花墙按设计图示尺寸以空花部分外形体积计算，不扣除空花部分体积。其中，实心砖砌体部分按相应墙体项目另行计算。

(3)填充墙按设计图示尺寸以填充墙外形体积计算。其中，实心砖砌体部分已包括在项目内，不另计算。

(4)砖柱、石柱按设计图示尺寸以体积计算，扣除混凝土及钢筋混凝土梁垫、梁头、板头所占体积。

(5)零星砌体、地沟、砖碹按设计图示尺寸以体积计算。零星砌体扣除混凝土及钢筋混凝土梁垫、梁头、板头所占体积。

(6)砖砌台阶(包括梯带)按体积以 m^3 计算。

(7)砖散水、地坪按设计图示尺寸以面积计算。

(8)附墙烟囱、通风道、垃圾道应按设计图示尺寸以体积(扣除孔洞所占体积)计算并入所依附的墙体体积内。不扣除每一孔洞横截面在 $0.1\ m^2$ 以下的体积。当设计规定孔洞内需抹灰时，另按第"墙柱面工程"相应项目执行。

(9)轻质砌块 L 形专用连接件的工程量按设计数量计算。

(10)加气混凝土砌块墙、硅酸盐砌块墙、小型空心砌块墙，按设计规定需要镶嵌实心砖砌体部分已包括在项目内，不另计算。

(11)基础、墙体洞口上的砖平碹、钢筋砖过梁若另行计算时，应扣除相应砖砌体的体积。砖平碹、钢筋砖过梁、砖拱碹，均按图示尺寸以 m^3 计算。如设计无规定时，砖平碹按门窗洞口宽度两端共加 100 mm，乘以高度(门窗洞口宽小于 1 500 mm 时，高度为 240 mm，大于 1 500 mm 时，高度为 365 mm)计算；钢筋砖过梁按门窗洞口两端共加 500 mm，高度按 440 mm 计算。

(12)砖砌检查井不分壁厚均以 m^3 计算，洞口上的砖平拱、碹等并入砌体体积内计算。

(13)检查井井盖(箅)、井座安装，区分不同材质，以套计算。

(14)砖砌地沟不分墙基、墙身合并以 m^3 计算。

(15)砖明沟，按图示尺寸以延长米计算。

5. 石砌体(010403)

(1)石基础、石墙的工程量计算规则参照砖砌体相应规定。

(2)石挡土墙、石护坡、石台阶按设计图示尺寸以体积计算,石坡道按设计图示尺寸以水平投影面积计算,墙面勾缝按设计图示尺寸以面积计算。

(3)安砌石踏步板,按图示尺寸以延长米计算。

(4)石勒脚,按设计图示尺寸以体积计算。扣除单个 0.3 m^3 以外的孔洞所占体积。

(5)石表面扁光,区分不同斜面宽度,按扁光长度计算。

(6)整石扁光、钉麻石和打钻路,均按实打面积以 m^2 计算。

(7)料石拱碹,按图示以延长米计算。

(8)石砌地沟按实砌体积以 m^3 计算。

6. 垫层(010404)

垫层工程量按设计图示尺寸以体积计算。

7. 轻质隔墙(010405)

轻质隔墙按设计图示尺寸以面积计算。

8. 构筑物(070201～070207)

(1)砖烟囱、水塔,均按设计图示筒壁平均中心线周长乘以厚度乘以高度以体积计算。扣除各种孔洞、钢筋混凝土圈梁、过梁等体积。

(2)砖烟囱应按设计室外地坪为界,以下为基础,以上为筒身。

(3)砖烟道与炉体的划分应按第一道闸门为界。

(4)砖烟囱体积可按下式分段计算:

$$V = \sum H \times C \times \pi D$$

式中　V——筒身体积;

　　　H——每段筒身垂直高度;

　　　C——每段筒壁厚度;

　　　D——每段筒壁平均直径。

(5)水塔基础与塔身划分应以砖砌体的扩大部分顶面为界,以上为塔身,以下为基础。

(6)烟道砌砖,按图示尺寸以体积计算。炉体内的烟道部分列入炉体工程量计算。

(7)砖烟道、烟囱内衬,按不同内衬材料并扣除孔洞后,以图示实砌体积计算。

(8)烟囱内壁表面隔绝层,按筒身内壁并扣除各种孔洞后的面积计算;填料按烟囱筒身与内衬之间的体积另行计算,并扣除各种孔洞所占体积,但不扣除连接横砖及防沉带的体积。填料所需人工已包括在内衬项目内。

(9)砖水箱内外壁,不分壁厚,均以图示实砌体积计算,套相应的砖墙项目。

(10)贮水池及化粪池不分壁厚均以 m^3 计算,洞口上的砖平拱、碹等并入砌体体积内计算。

(11)窨井及水池均按实砌体积以 m^3 计算。

9. 现场搅拌砂浆增加费(010407)

现场搅拌砂浆增加费按定额项目中的砂浆含量以体积计算工程量。

❖ **案例解析**

【**解析**】 根据案例已知条件，结合砌筑工程量计算规则，编写工程量清单如下：

工程量计算书

工程名称：砌筑工程　　　　　　　标段：　　　　　　　　第　页共　页

序号	项目名称 （构件部位）	计算过程	单位	工程数量
1	外墙240 mm	计算外墙中心线： $L=(3.6×2+3.9+4.5)×2=31.2(m)$ 墙体的工程量：外墙240 mm。 $V=$墙厚$×$（墙高$×$墙长$-$门窗洞口的面积）$-\sum$埋入构件体积$+\sum$应增加体积$=$ $0.24×31.2×(4.2+0.9)-0.24×(1.5×1.5×5+1.2×2.4×1)-31.2×0.24×0.18=33.45(m^3)$	m^3	33.45
2	内墙240 mm	计算240厚内墙净长线： $L=(4.5-0.24)×2=8.52(m)$ 墙体的工程量：内墙240 mm。 $V=$墙厚$×$（墙高$×$墙长$-$门窗洞口的面积）$-\sum$埋入构件体积$+\sum$应增加体积$=$ $0.24×8.52×4.2-0.24×0.9×2×2-8.52×0.24×0.18=$ $7.36(m^3)$	m^3	7.36

分部分项工程工程量清单表

工程名称：砌筑工程　　　　　　　标段：　　　　　　　　第　页共　页

序号	项目编码	项目名称	项目特征描述	计量单位	工程数量
1	010401005002	空心砖墙（外墙240 mm）	1. 砖品种、规格：空心砖墙； 2. 墙体类型：直墙； 3. 墙体厚度：240 mm； 4. 墙体高度：5.1 m	m^3	33.45
2	010401005002	空心砖墙（内墙240 mm）	1. 砖品种、规格：空心砖墙； 2. 墙体类型：直墙； 3. 墙体厚度：240 mm； 4. 墙体高度：4.2 m	m^3	7.36

Part2　任务单

任务单：编制砌筑工程量清单

编制砌筑工程量清单任务单	
任务完成环境	根据《曙光新苑建筑施工图纸》《曙光新苑结构施工图纸》要求，完成曙光新苑工程的砌筑工程量计算及工程量清单编制。 1. 场地：教室。 2. 工具：计算器、图纸。 3. 工具书：①《建筑与装饰工程计量与计价》教材。 ②2017年辽宁省《房屋建筑与装饰工程定额》。 ③《建筑预算手册》。 ④《混凝土结构施工图平面整体表示方法制图规则和构造详图（现浇混凝土框架、剪力墙、梁、板）》(16G101—1)、《混凝土结构施工图平面整体表示方法制图规则和构造详图（现浇混凝土板式楼梯）》(16G101—2)、《平屋面建筑构造》(12J201)等。 4. 材料：工程量计算书、建筑工程量清单表
任务完成时间	4 d
任务完成结果	1. 编写砌筑工程量计算书； 2. 编制砌筑工程量清单
任务要求	1. 工程量计算时要按清单规定的计算规则、项目、单位进行； 2. 严格按照施工图纸计算，并按一定的顺序认真识图、审图，防止重算、漏算，确保数据准确、项目齐全； 3. 工程量清单编制：项目编码、项目特征、编写要完整，内容齐全
任务重点	1. 工程量计算准确； 2. 工程量清单编制完整
任务反馈	

> **知识拓展**

长城(The Great Wall)(图1-2-13)又称万里长城,是中国古代的军事防御工事,是一道高大、坚固而且连绵不断的长垣,用以阻隔敌骑的行动。长城不是一道单纯孤立的城墙,而是以城墙为主体,同大量的城、障、亭、标相结合的防御体系。

图1-2-13 长城

长城修筑的历史可上溯到西周时期,发生在首都镐京(今陕西西安)的著名典故"烽火戏诸侯"就源于此。春秋战国时期列国争霸,互相防守,长城修筑进入第一个高潮,但此时修筑的长度都比较短。秦灭六国统一天下后,秦始皇连接和修缮战国长城,始有万里长城之称。明朝是最后一个大修长城的朝代,今天人们所看到的长城多是此时修筑。

长城资源主要分布在河北、北京、天津、山西、陕西、甘肃、内蒙古、黑龙江、吉林、辽宁、山东、河南、青海、宁夏、新疆等15个省区市。其中,河北省境内长度为2 000 km,陕西省境内长度为1 838 km。根据文物和测绘部门的全国性长城资源调查结果,明长城总长度为8 851.8 km,秦汉及早期长城超过1万km,总长超过2.1万km。现存长城文物本体包括长城墙体、壕堑/界壕、单体建筑、关堡、相关设施等各类遗存,总计4.3万余处(座/段)。

1961年3月4日,长城被国务院公布为第一批全国重点文物保护单位。1987年12月,长城被列入世界文化遗产。2020年11月26日,国家文物局发布了第一批国家级长城重要点段名单。

——来源:百度百科

1.2.7 金属结构工程量清单编制

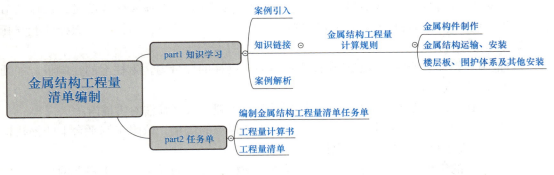

学习导图

Part1　知识学习

❖ 案例引入

【案例】　某工程钢屋架如图 1-2-14 所示，试计算钢屋架工程量。

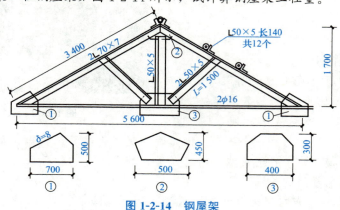

图 1-2-14　钢屋架

【分析】
1. 建筑中哪些部分属于金属结构？
2. 金属结构工程量如何计算？
3. 金属结构工程量清单如何编制？

❖ 知识链接

金属结构工程量计算规则如下。

1. 金属构件制作（010601～010606）

（1）金属构件工程量按设计图示尺寸乘以理论质量计算。

（2）金属构件计算工程量时不扣除单个面积≤0.3 m² 的孔洞质量，焊缝、铆钉、螺栓等不另增加质量。

金属结构件制作、运输及安装工程量＝构件用各种型钢总质量＋构件用各种钢板总质量

（3）钢网架计算工程量时，不扣除孔眼的质量，焊缝、铆钉、螺栓等不另增加质量。焊接空心球网架质量包括连接钢管杆件、连接球、支托和网架支座等零件的质量，螺栓球节点网架质量包括连接钢管杆件（含高强度螺栓、销子、套筒、锥头或封板）、螺栓球、支托和网架支座等零件的质量。

（4）依附在钢柱上的牛腿及悬臂梁的质量等并入钢柱的质量内，钢柱上的柱脚板、加劲板、柱顶板、隔板和肋板并入钢柱工程量内。

（5）钢管柱上的节点板、加强环、内衬板（管）、牛腿并入钢管柱的质量内。

（6）钢平台的工程量包括钢平台的柱、梁、板斜撑等的质量，依附于钢平台上的钢扶梯及平台栏杆，应按相应构件另行列项计算。

（7）钢楼梯的工程量包括楼梯平台、楼梯梁、楼梯踏步等的质量，钢楼梯上的扶手、栏杆另行列项计算。

（8）钢栏杆包括扶手的质量，合并套用钢栏杆项目。

（9）机械或手工及动力工具除锈按设计要求以构件质量或表面积计算。

2. 金属结构运输、安装(010608、010609)

(1)金属结构构件运输、安装工程量同制作工程量。

(2)钢构件现场拼装平台摊销工程量按实施拼装构件的工程量计算。

3. 楼层板、围护体系及其他安装(010609)

(1)楼面板按设计图示尺寸以铺设面积计算,不扣除单个面积≤0.3 m^2 的柱、垛及孔洞所占面积。

(2)墙面板按设计图示尺寸以铺挂面积计算,不扣除单个面积≤0.3 m^2 的梁、孔洞所占面积。

(3)硅酸钙板墙面板按设计图示尺寸的墙体面积计算,不扣除单个面积≤0.3 m^2 的孔洞所占面积。

(4)保温岩棉铺设、EPS混凝土浇灌按设计图示尺寸的铺设或浇灌体积以 m^3 计算,不扣除单个面积≤0.3 m^2 的孔洞所占体积。

(5)硅酸钙板包柱、包梁及蒸压砂加气保温块贴面工程量按钢构件设计断面尺寸以 m^2 计算。

(6)钢板天沟按设计图示尺寸以质量计算,依附天沟的型钢并入天沟的质量内计算;不锈钢天沟、彩钢板天沟按设计图示尺寸以长度计算。

(7)金属构件安装使用的高强度螺栓、花篮螺栓和剪力栓钉按设计图纸数量以"套"为单位计算。

(8)槽铝檐口端面封边包角、混凝土浇捣收边板高度按150 mm考虑,工程量按设计图示尺寸以延长米计算;其他材料的封边包角、混凝土浇捣收边板按设计图示尺寸以展开面积计算。

❖ **案例解析**

【解析】 根据案例已知条件,结合金属结构工程量计算规则,编写工程量清单如下:

工程量计算书

工程名称:金属结构工程　　　　　标段:　　　　　　　第　页共　页

序号	项目名称 (构件部位)	计算过程	单位	工程数量
1	钢屋架	①上弦质量=上弦长度×角钢根数×上弦个数×角钢单位质量=3.40×2×2×7.398=100.61(kg)=0.101(t) ②下弦质量=下弦长度×角钢根数×下弦个数×角钢单位质量=5.60×2×1×1.58=17.70(kg)=0.018(t) ③立杆重量=立杆高度×立杆角钢单位质量=1.70×3.77=6.41(kg)=0.006(t) ④斜撑重量=斜撑长度×斜撑角钢根数×斜撑个数×斜撑角钢单位质量=1.50×2×2×3.77=22.62(kg)=0.023(t) ⑤(①号连接板重量)=连接板面积×连接板个数×连接板单位质量=0.7×0.5×2×62.80=43.96(kg)=0.044(t) ⑥(②号连接板重量)连接板面积×连接板个数×连接板单位质量=0.5×0.45×1×62.80=14.13(kg)=0.014 t ⑦(③号连接板重量)连接板面积×连接板个数×连接板单位质量=0.4×0.3×1×62.80=7.54(kg)=0.008 t ⑧檩托质量=檩托长度×檩托个数×檩托角钢单位质量=0.14×12×3.77=6.33(kg)=0.006 t 则钢屋架工程量=①+②+③+④+⑤+⑥+⑦+⑧=0.101+0.018+0.006+0.023+0.044+0.014+0.008+0.006=0.22(t)	t	0.22

分部分项工程工程量清单表

工程名称：金属结构工程　　　　　　　　标段：　　　　　　　　第　页共　页

序号	项目编码	项目名称	项目特征描述	计量单位	工程数量
1	010602001001	钢屋架	钢材品种：镀锌角钢	t	0.22

Part2　任务单

任务单：编制金属结构工程量清单

编制金属结构工程量清单任务单	
任务完成环境	根据《曙光新苑建筑施工图纸》《曙光新苑结构施工图纸》要求，完成曙光新苑工程的金属结构工程量计算以及工程量清单编制。 1. 场地：教室。 2. 工具：计算器、图纸。 3. 工具书：①《建筑与装饰工程计量与计价》教材。 ②2017年辽宁省《房屋建筑与装饰工程定额》。 ③《建筑预算手册》。 ④《混凝土结构施工图平面整体表示方法制图规则和构造详图(现浇混凝土框架、剪力墙、梁、板)》(16G101—1)、《混凝土结构施工图平面整体表示方法制图规则和构造详图(现浇混凝土板式楼梯)》(16G101—2)、《平屋面建筑构造》(12J201)等 4. 材料：工程量计算书、建筑工程量清单表
任务完成时间	3 d
任务完成结果	1. 编写金属结构工程量计算书； 2. 编制金属结构工程量清单
任务要求	1. 工程量计算时要按清单规定的计算规则、项目、单位进行； 2. 严格按照施工图纸计算，并按一定的顺序认真识图、审图，防止重算、漏算，确保数据准确、项目齐全； 3. 工程量清单编制：项目编码、项目特征、编写要完整，内容齐全
任务重点	1. 工程量计算准确； 2. 工程量清单编制完整
任务反馈	

> **知识拓展**

"鸟巢"是2008年北京奥运会主体育场（图1-2-15）。其是在2001年由普利茨克奖获得者赫尔佐格、德梅隆与中国建筑师合作完成的巨型体育场设计，形态如同孕育生命的"巢"，它更像一个摇篮，寄托着人类对未来的希望。设计者们对这个国家体育场没有做任何多余的处理，只是坦率地把结构暴露在外，因而自然形成了建筑的外观。

图1-2-15 鸟巢

鸟巢是一个大跨度的曲线结构，包含有大量的曲线箱形结构，这对设计和安装均有很大挑战性，在施工过程中处处离不开科技支持。"鸟巢"采用了当今先进的建筑科技，全部工程共有二三十项技术难题，其中，钢结构是世界上独一无二的。

——来源：百度百科

1.2.8 木结构工程量清单编制

学习导图

Part 知识学习

❖ **案例引入**

【案例】 辽阳市某工程方木屋架如图1-2-16所示，已知跨度为6 m，上、下弦木材断面尺寸为150 mm×180 mm，杆件3、5、7为钢杆件，杆件4、6木材断面尺寸为60 mm×80 mm，坡度为30°。求屋架制作的工程量。

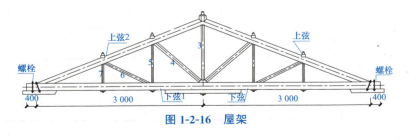

图1-2-16 屋架

> 【分析】
> 1. 一般哪些建筑是由木结构构成的？
> 2. 木结构工程量如何计算？
> 3. 木结构工程量清单如何编制？

❖ 知识链接

木结构工程量计算规则如下：

1. 木屋架(010701)

(1)木屋架、檩条工程量按设计图示的规格尺寸以体积计算。附属于其上的木夹板、垫木、风撑、挑檐木、檩条三角条均按木料体积并入屋架、檩条工程量内。单独挑檐木并入檩条工程量内。檩托木、檩垫木已包括在定额项目内，不另计算。

木屋架制作安装的体积 = $\sum$ 屋架杆件设计断面×屋架杆件的长度 +

附属于屋架和屋架连接的木夹板、托木、挑檐木等的体积

屋架杆件的长度＝屋架的跨度＋杆件的长度系数

杆件的长度系数见表 1-2-13。

表 1-2-13 杆件长度系数表

屋架类型	A		B		C		D	
屋架坡度	26°34′	30°	26°34′	30°	26°34′	30°	26°34′	30°
杆件1(下弦)	1	1	1	1	1	1	1	1
杆件2(上弦)	0.559	0.557	0.559	0.557	0.559	0.557	0.599	0.557
杆件3	0.250	0.289	0.250	0.289	0.250	0.289	0.250	0.289
杆件4	0.280	0.289	0.236	0.254	0.225	0.250	0.224	0.252
杆件5	0.125	0.144	0.167	0.193	0.188	0.216	0.200	0.231
杆件6			0.186	0.193	0.177	0.191	0.180	0.200
杆件7			0.083	0.096	0.125	0.145	0.150	0.168
杆件8					0.140	0.143	0.141	0.153
杆件9					0.063	0.078	0.100	0.116
杆件10							0.112	0.116
杆件11							0.050	0.058

(2)圆木屋架上的挑檐木、风撑等设计规定为方木时,应将方木木料体积乘以系数1.7,折合成圆木并入圆木屋架工程量内。

(3)钢木屋架工程量按设计图示的规格尺寸以体积计算。定额内已包括钢构件的用量,不再另外计算。

(4)带气楼的屋架,其气楼屋架并入所依附屋架工程量内计算。

(5)屋架的马尾、折角和正交部分半屋架,并入相连屋架工程量内计算。

(6)简支檩(图1-2-17)长度按设计计算,设计无规定时,按相邻屋架或山墙中距增加0.20 m接头计算,两端出山檩条算至搏风板内侧;连续檩(图1-2-18)的长度按设计长度增加5%的接头长度计算。

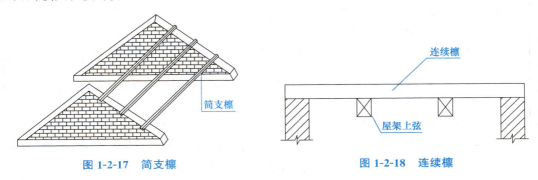

图1-2-17　简支檩　　　　　　　　图1-2-18　连续檩

2. 木构件(010702)

(1)木桩、木梁按设计图示尺寸以体积计算。

(2)木楼梯按设计图示尺寸以水平投影面积计算。不扣除宽度≤300 mm的楼梯井,伸入墙内部分不计算。

(3)木地楞按设计图示尺寸以体积计算。定额内已包括平撑、剪刀撑、沿油木的用量,不再另外计算。

3. 屋面木基层(010703)(图1-2-19)

(1)屋面椽子、屋面板、挂瓦条、竹帘子工程量按设计图示尺寸以屋面斜面积计算,不扣除屋面烟囱、风帽底座、风道、小气窗及斜沟等所占面积。小气窗的出檐部分也不增加面积。

(2)封檐板工程量按设计图示檐口外围长度计算。博风板按斜长度计算,每个大刀头增加长度0.50 m。

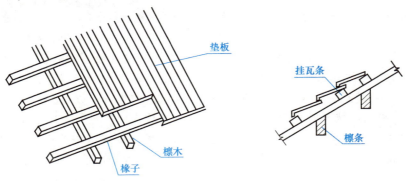

图1-2-19　屋面木基层图

❖ 案例解析

【解析】 根据案例已知条件,结合木结构工程量计算规则,编写工程量清单如下:

工程量计算书

工程名称:木结构工程　　　　标段:　　　　　　　　　第　页共　页

序号	项目名称 (构件部位)	计算过程	单位	工程数量
1	方木屋架	根据杆件长度系数表查出各杆件的系数,各杆件竣工木料的体积计算如下: 下弦:V_1=屋架下弦设计断面×屋架下弦的长度×屋架下弦个数=(3+0.4)×0.15×0.18×2=0.184(m^3) 上弦:V_2=屋架的跨度×杆件的长度系数×屋架上弦设计断面×屋架上弦个数=3.4×0.557×0.15×0.18×2=0.102(m^3) 杆件4:V_3=屋架的跨度×杆件的长度系数×屋架杆件设计断面×屋架杆件个数=3.4×0.254×0.06×0.08×2=0.008(m^3) 杆件6:V_4=屋架的跨度×杆件的长度系数×屋架杆件设计断面×屋架杆件个数=3.4×0.193×0.06×0.08×2=0.006(m^3) 屋架制作的工程量: $V=V_1+V_2+V_3+V_4$=0.184+0.102+0.008+0.006=0.30(m^3)	m^3	0.30

分部分项工程量清单表

工程名称:木结构工程　　　　标段:　　　　　　　　　第　页共　页

序号	项目编码	项目名称	项目特征描述	计量单位	工程数量
1	010701001003	方木屋架	1. 跨度:6 m 2. 材料品种、规格:原木,上下弦120 mm×200 mm 3. 拉杆种类:木拉杆,断面为100 mm×120 mm 4. 防护材料:石油沥青油毡	m^3	0.30

知识拓展

北京故宫(图1-2-20)是中国明、清两代的皇家宫殿,旧称为紫禁城,位于北京中轴线的中心,是中国古代宫廷建筑之精华。它是世界上现存规模最大、保存最为完整的木质结构古建筑之一。北京故宫被誉为世界五大宫之首(北京故宫、法国凡尔赛宫、英国白金汉宫、美国白宫、俄罗斯克里姆林宫),是国家AAAAA级旅游景区。

图1-2-20　故宫

北京故宫于明成祖永乐四年(1406年)开始建设,以南京故宫为蓝本营建,到永乐十八年(1420年)建成。它是一座长方形城池,南北长961 m,东西宽753 m,四面围有高10 m的城墙,城外有宽52 m的护城河。紫禁城内的建筑分为外朝和内廷两部分。外朝的中心为太和殿、中和殿、保和殿,统称三大殿,是国家举行大典礼的地方。内廷的中心是乾清宫、交泰殿、坤宁宫,统称后三宫,是皇帝和皇后居住的正宫。

——来源:百度百科

1.2.9 屋面及防水工程量清单编制

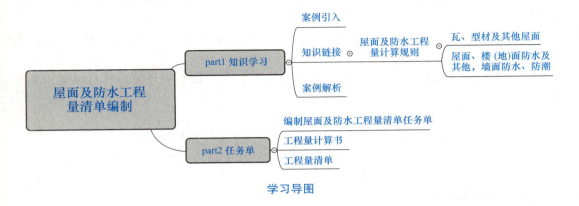

学习导图

Part1 知识学习

❖ 案例引入

【案例】 有一两坡排水二毡三油卷材屋面，尺寸如图1-2-21所示。屋面防水层构造层次为预制钢筋混凝土空心板、1:2水泥砂浆找平层、冷底子油一道、二毡三油一砂防水层。求屋面的防水面积。

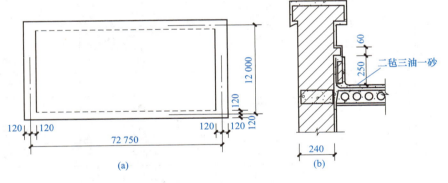

图1-2-21 屋面防水做法

【分析】
1. 什么是屋面及防水工程？其都包含哪些？
2. 屋面及防水工程量如何计算？
3. 屋面及防水工程量清单如何编制？

❖ 知识链接

屋面及防水工程量计算规则如下：

1. 瓦、型材及其他屋面(010901)

(1)各种屋面和型材屋面(包括挑檐部分)，均按设计图示尺寸以面积计算(平屋顶按水

47

平投影面积计算,斜屋面按斜面面积计算),不扣除房上烟囱、风帽底座、风道、小气窗、斜沟和脊瓦等所占面积,小气窗的出檐部分也不增加。

(2)西班牙瓦、瓷质波形瓦、英红瓦等屋面的正斜脊瓦、檐口线,按设计图示尺寸以长度计算。

(3)采光板屋面和玻璃采光顶屋面按设计图示尺寸以面积计算;不扣除面积≤0.3 m² 孔洞所占面积。

(4)膜结构屋面按设计图示尺寸以需要覆盖的水平投影面积计算,膜材料可以调整含量。

坡屋面计算公式为

$$两坡排水屋面面积(S_{坡面积})=S_{水平投影面积}\times 延尺系数 C$$

$$四坡屋面斜脊(图 1-2-22)的长度(L)=水平长度\times 隅延尺系数 D(当 S=A 时)$$

$$沿山墙泛水长度(L)=A\times C$$

屋面坡度系数见表 1-2-14。

表 1-2-14 屋面坡度系数表

坡度 $B(A=1)$	坡度 $B/2A$	坡度 角度(α)	延尺系数 C ($A=1$)	隅延尺系数 D ($A=1$)
1	1/2	45°	1.414 2	1.732 1
0.75		36°52′	1.250 0	1.600 8
0.70		35°	1.220 7	1.577 9
0.666	1/3	33°40′	1.201 5	1.562 0
0.65		33°01′	1.192 6	1.556 4
0.60		30°58′	1.166 2	1.536 2
0.577		30°	1.154 7	1.527 0
0.55		28°49′	1.141 3	1.517 0
0.50	1/4	26°34′	1.118 0	1.500 0
0.45		24°14′	1.096 6	1.483 9
0.40	1/5	21°48′	1.077 0	1.469 7
0.35		19°17′	1.059 4	1.456 9
0.30		16°42′	1.044 0	1.445 7
0.25		14°02′	1.030 8	1.436 2
0.20	1/10	11°19′	1.019 8	1.428 3
0.15		8°32′	1.011 2	1.422 1
0.125		7°8′	1.007 8	1.419 1
0.100	1/20	5°42′	1.005 0	1.417 7
0.083		4°45′	1.003 5	1.416 6
0.066	1/30	3°49′	1.002 2	1.415 7

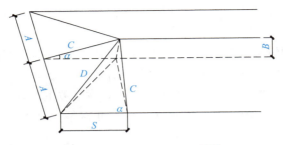

图 1-2-22 四坡排水屋面斜脊

2. 屋面、楼(地)面防水及其他，墙面防水、防潮(010902、010903)

(1)防水。

①屋面防水(图 1-2-23)，按设计图示以面积计算(平屋顶按水平投影面积计算，斜屋面按斜面面积计算)，扣除面积超过 0.3 m² 的房上烟囱、风帽底座、风道、屋面小气窗、排气孔洞等所占面积；屋面的女儿墙、伸缩缝和天窗、烟囱、风帽底座、风道、屋面小气窗、排气孔洞等处的弯起部分按 500 mm 计算，计入屋面工程量内。

卷材屋面面积＝水平投影面积×延迟系数

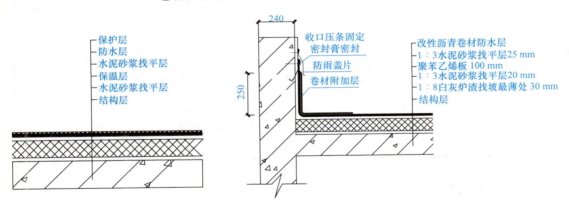

图 1-2-23 屋面基本构造层次

②楼地面防水、防潮层按设计图示尺寸以主墙间净面积计算，扣除凸出地面的构筑物、设备基础等所占面积，不扣除间壁墙及单个面积≤0.3 m² 的柱、垛、烟囱和孔洞所占面积，平面与立面交接处，上翻高度≤300 mm 时，按展开面积并入楼地面工程量内计算，高度＞300 mm 时，所有上翻工程量均按墙面防水项目计算。

③墙基防水、防潮层，外墙按外墙中心线计算，内墙按墙体净长度乘以宽度，以面积计算。

④墙的立面防水、防潮层，无论内墙、外墙，均按设计图示尺寸以面积计算；墙身水平防潮层执行墙身防水相应项目。

⑤基础底板的防水、防潮层按设计图示尺寸以面积计算，不扣除桩头所占面积。桩头处外包防水按桩头投影外扩 300 mm 以面积计算，地沟处防水按展开面积计算，均计入平面工程量，执行相应规定。

⑥屋面、楼地面及墙面、基础底板等，其防水搭接、拼缝、压边、留槎用量已综合考虑，不另行计算。卷材防水附加层按设计铺贴尺寸以面积计算。

⑦屋面分格缝，按设计图示尺寸，以长度计算。

(2)屋面排水。

①水落管、镀锌薄钢板天沟、檐沟，按设计图示尺寸，以长度计算。如设计未标注水落管尺寸，以檐口至设计室外散水上表面垂直距离计算。

②水斗、下水口、雨水口、弯头、短管等，均以设计数量计算。

(3)变形缝与止水带。变形缝(嵌填缝与盖板)与止水带按设计图示尺寸，以长度计算。

❖ 案例解析

【解析】根据案例已知条件，结合屋面及防水工程量计算规则，编写工程量清单如下：

工程量计算书

工程名称：屋面及防水工程　　　　　　　　标段：　　　　　　　　第　页共　页

序号	项目名称 （构件部位）	计算过程	单位	工程数量
1	屋面卷材防水	$S=$屋面防水面积＋上翻防水面积$=(72.75+0.24)\times(12+0.24)-(72.75+12)\times2\times0.24+(72.75+12-0.48)\times2\times0.25=894.85(m^2)$	m²	894.85

分部分项工程工程量清单表

工程名称：屋面及防水工程　　　　　　　　标段：　　　　　　　　第　页共　页

序号	项目编码	项目名称	项目特征描述	计量单位	工程数量
1	010902001007	屋面石油沥青卷材防水	屋面及女儿墙做法：1:2水泥砂浆找平、冷底子油一道、二毡三油一砂防水层	m²	894.85

Part2　任务单

任务单：编制屋面及防水工程量清单

	编制屋面及防水工程量清单任务单
任务完成环境	根据《曙光新苑建筑施工图纸》《曙光新苑结构施工图纸》要求，完成曙光新苑工程的屋面及防水工程量计算以及工程量清单编制。 1. 场地：教室。 2. 工具：计算器、图纸。 3. 工具书：①《建筑与装饰工程计量与计价》教材。 ②2017年辽宁省《房屋建筑与装饰工程定额》。 ③《建筑预算手册》。 ④《混凝土结构施工图平面整体表示方法制图规则和构造详图(现浇混凝土框架、剪力墙、梁、板)》(16G101—1)、《混凝土结构施工图平面整体表示方法制图规则和构造详图(现浇混凝土板式楼梯)》(16G101—2)、《平屋面建筑构造》(12J201)等 4. 材料：工程量计算书、建筑工程量清单表。

续表

任务完成时间	2 d
任务完成结果	1. 编写屋面及防水工程量计算书； 2. 编制屋面及防水工程量清单。
任务要求	1. 工程量计算时要按清单规定的计算规则、项目、单位进行； 2. 严格按照施工图纸计算，并按一定的顺序认真识图、审图，防止重算、漏算，确保数据准确、项目齐全； 3. 工程量清单编制：项目编码、项目特征、编写要完整，内容齐全
任务重点	1. 工程量计算准确； 2. 工程量清单编制完整
任务反馈	

1.2.10 保温、隔热、防腐工程量清单编制

学习导图

Part1　知识学习

❖ 案例引入

【案例】 某建筑物屋面为卷材防水，其尺寸如图1-2-24所示。膨胀珍珠岩保温，周线尺寸为72.75 m×12 m，墙厚为240 mm，屋面做法如下：预制钢筋混凝土屋面板、1∶10水泥膨胀珍珠岩找坡2%，最薄处40 mm厚、100 mm厚憎水珍珠岩块保温层、SBS改性沥青防水卷材二层、20 mm厚1∶2水泥砂浆抹光压平。求屋面的保温工程量。

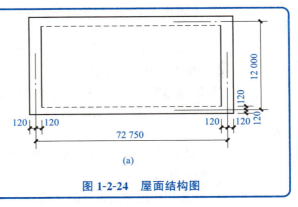

图1-2-24　屋面结构图

> 【分析】
> 1. 常见的保温材料有哪些？
> 2. 保温工程量如何计算？
> 3. 保温工程量清单如何编制？

❖ 知识链接

保温、隔热、防腐工程量计算规则如下：

1. 保温隔热工程(011001)

(1)屋面保温隔热工程量按设计图示尺寸以面积计算。扣除＞0.3 m² 的柱、垛、孔洞等所占面积。其他项目按设计图示尺寸以定额项目规定的计量单位计算。

屋面保温层的计算公式为

$$屋面保温层(V)＝保温层实铺面积(S)×厚度(H)$$
$$屋面保温层找坡体积(V)＝保温层实铺面积(S)×平均厚度(h)$$

式中

$$平均厚度(h)＝最薄处厚度＋1/2×半跨(A)×坡度(i)$$

屋面找坡如图 1-2-25 所示。

(2)天棚保温隔热层工程量按设计图示尺寸以面积计算。扣除面积＞0.3 m² 的柱、垛、孔洞等所占面积，与天棚相连接的梁按展开面积计算，其工程量并入天棚内。

(3)墙面保温隔热层工程量按

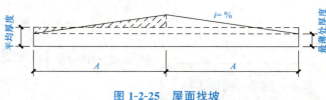

图 1-2-25 屋面找坡

设计图示尺寸以面积计算。扣除门窗洞口及面积＞0.3 m² 的梁、孔洞所占面积；门窗洞口侧壁(含顶面)及与墙相连的柱，并入保温墙体工程量内。墙体及混凝土板下铺贴隔热层不扣除木框架与木龙骨的体积。其中，外墙按隔热层中心线长度计算，内墙按隔热层净长度计算。

(4)柱、梁保温隔热层工程量按设计图示尺寸以面积计算。柱按设计图示柱断面保温层中心线展开长度乘高度以面积计算，扣除面积＞0.3 m² 的梁所占面积。梁按设计图示梁断面保温层中心线展开长度乘保温层长度以面积计算。

(5)楼地面保温隔热层工程量按设计图示尺寸以面积计算。扣除柱、垛及单个＞0.3 m² 孔洞所占面积。

(6)其他保温隔热层工程量按设计图示尺寸以展开面积计算。扣除面积＞0.3 m² 孔洞及占位面积。

(7)大于 0.3 m² 孔洞侧壁周围(含顶面)及梁头、连系梁等其他零星工程保温隔热工程量，并入墙面的保温隔热工程量内。

(8)柱帽保温隔热层，并入天棚保温隔热层工程量内。

(9)保温层排气管按设计图示尺寸以长度计算，不扣除管件所占长度，保温层排气孔以数量计算。

(10)防火隔离带工程量按设计图示尺寸以面积计算。

2. 防腐工程(011002)

(1)防腐工程面层、隔热层及防腐油漆工程量均按设计图示尺寸以面积计算。

(2)平面防腐工程量应扣除凸出地面的构筑物、设备基础等及面积>0.3 m² 孔洞、柱、垛等所占面积,门洞、空圈、暖气包槽、壁龛的开口部分不增加面积。

(3)立面防腐工程量应扣除门、窗、洞口及面积>0.3 m² 的孔洞、梁所占面积,门、窗、洞口侧壁(含顶面)、垛凸出部分按展开面积并入墙面内。

(4)池、槽块料防腐面层工程量按设计图示尺寸以展开面积计算。

(5)砌筑沥青浸渍砖工程量按设计图示尺寸以面积计算。

(6)踢脚板防腐工程量按设计图示长度乘高度以面积计算,扣除门洞所占面积,并相应增加侧壁展开面积。

(7)混凝土面及抹灰面防腐按设计图示尺寸以面积计算。

❖ 案例解析

【解析】 根据案例已知条件,结合保温、隔热、防腐工程量计算规则,编写工程量清单如下:

工程量计算书

工程名称:保温、隔热、防腐工程　　　　标段:　　　　　　　　第　页共　页

序号	项目名称(构件部位)	计算过程	单位	工程数量
1	100 mm厚珍珠岩块保温	屋面保温 S=保温层实铺面积=(72.75-0.24)×(12-0.24)=852.72(m²)	m²	852.72

分部分项工程工程量清单表

工程名称:保温、隔热、防腐工程　　　　标段:　　　　　　　　第　页共　页

序号	项目编码	项目名称	项目特征描述	计量单位	工程数量
1	011001001007	保温隔热屋面	1. 保温隔热部位:屋面层; 2. 保温材料:憎水珍珠岩; 3. 保温厚度:100 mm	m²	852.72

Part2　任务单

任务单:编制保温、隔热、防腐工程量清单

编制保温、隔热、防腐工程量清单任务单	
任务完成环境	根据《曙光新苑建筑施工图纸》《曙光新苑结构施工图纸》要求,完成曙光新苑工程的保温、隔热、防腐工程量计算以及工程量清单编制。 1. 场地:教室。 2. 工具:计算器、图纸。 3. 工具书:①《建筑与装饰工程计量与计价》教材。 ②2017年辽宁省《房屋建筑与装饰工程定额》。 ③《建筑预算手册》。 ④《混凝土结构施工图平面整体表示方法制图规则和构造详图(现浇混凝土框架、剪力墙、梁、板)》(16G101—1)、《混凝土结构施工图平面整体表示方法制图规则和构造详图(现浇混凝土板式楼梯)》(16G101—2)、《平屋面建筑构造》(12J201)等。 4. 材料:工程量计算书、建筑工程量清单表。

续表

任务完成时间	2 d
任务完成结果	1. 编写保温、隔热、防腐工程量计算书； 2. 编制保温、隔热、防腐工程量清单
任务要求	1. 工程量计算时要按清单规定的计算规则、项目、单位进行； 2. 严格按照施工图纸计算，并按一定的顺序认真识图、审图，防止重算、漏算，确保数据准确、项目齐全； 3. 工程量清单编制：项目编码、项目特征、编写要完整，内容齐全
任务重点	1. 工程量计算准确； 2. 工程量清单编制完整
任务反馈	

1.2.11 楼地面工程量清单编制

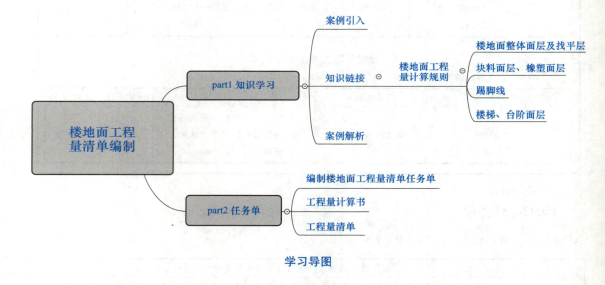

学习导图

Part1　知识学习

❖ 案例引入

【案例】　某建筑平面如图 1-2-26 所示，墙厚为 240 mm，M—1：1 000 mm×2 000 mm，M—2：1 200 mm×2 000 mm，M—3：900 mm×2 000 mm，现有两种楼面的设计方案：

(1)20 mm 厚 1:3 水泥砂浆找平层；10 mm 厚 1:2 水泥砂浆面层，做水泥砂浆踢脚线高 150 mm；

(2)20 mm 厚 1∶3 水泥砂浆找平层；室内铺设 600 mm×600 mm 大理石，贴 150 mm 高的大理石踢脚线。

试分别编制该楼面两种设计方案的工程量清单。

【分析】
1. 两种方案分别属于哪种楼面形式？
2. 两种楼面工程量清单都包含哪些工作内容？如何编制？
3. 工程量如何计算？

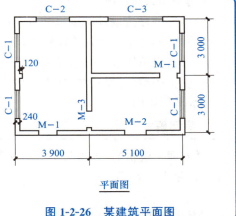

图 1-2-26 某建筑平面图

❖ 知识链接

楼地面工程量计算规则如下。

1. 楼地面整体面层及找平层(011101)

楼地面整体面层及找平层按设计图示尺寸以面积计算。扣除凸出地面构筑物、设备基础、室内管道、地沟等所占面积，不扣除间壁墙及单个面积≤0.3 m² 的柱、垛、附墙烟囱及孔洞所占面积。门洞、空圈、暖气包槽、壁龛的开口部分不增加面积。

楼地面面层工程量＝设计图示面积－凸出地面构筑物面积－0.3 m² 以上柱、垛、孔洞面积。

2. 块料面层(011102)、橡塑面层(011103)

(1)块料面层、橡塑面层及其他材料面层按设计图示尺寸以面积计算。门洞、空圈、暖气包槽、壁龛的开口部分并入相应的工程量内。

块料、橡塑面层工程量＝设计图示面积＋门洞、空圈、暖气包槽、壁龛的开口面积

(2)石材拼花按最大外围尺寸以矩形面积计算。有拼花的石材地面，按设计图示尺寸扣除拼花的最大外围矩形面积计算面积。

(3)点缀按个计算，计算主体铺贴地面面积时，不扣除点缀所占面积。

(4)石材底面刷养护液包括侧面涂刷，工程量按设计图示尺寸以底面积计算。

(5)石材表面刷保护液按设计图示尺寸以表面积计算。

(6)石材勾缝按石材设计图示尺寸以面积计算。

3. 踢脚线(011105)

踢脚线按设计图示长度乘高度以面积计算。楼梯靠墙踢脚线(含锯齿形部分)贴块料按设计图示面积计算。石材成品踢脚线按图示尺寸长度计算。

4. 楼梯面层(011106)

楼梯面层按设计图示尺寸以楼梯(包括踏步、休息平台及≤500 mm 的楼梯井)水平投影面积计算。楼梯与楼地面相连时，算至梯口梁内侧边沿；无梯口梁者，算至最上一层踏步边沿加 300 mm。

5. 台阶面层(011107)

台阶面层按设计图示尺寸以台阶(包括最上层踏步边沿加 300 mm)水平投影面积计算。

6. 其他项目(011108、011109、011109)

(1)零星项目按设计图示尺寸以面积计算。

(2)圆弧形等不规则地面镶贴面层(不包括柱角),饰面宽度按1 m计算工程量。

(3)分格嵌条按设计图示尺寸以延长米计算。

(4)块料楼地面做酸洗打蜡者,按设计图示尺寸以表面积计算。楼梯、台阶做酸洗打蜡者,按水平投影面积计算。

❖ 案例解析

【方案1解析】 根据案例设计方案1已知条件,结合楼地面工程量计算规则,编写工程量清单如下:

工程量计算书

工程名称:水泥砂浆楼地面工程　　　　标段:　　　　　　第　页共　页

序号	项目名称 (构件部位)	计算过程	单位	工程数量
1	水泥砂浆找平层	按图示尺寸以面积计算: 工程量=各房间楼面净长×净宽=(3.9−0.24)×(3+3−0.24)+(5.1−0.24)×(3−0.24)×2=47.91(m²)	m²	47.91
2	水泥砂浆楼面	按图示尺寸以面积计算: 工程量=各房间楼面净长×净宽=(3.9−0.24)×(3+3−0.24)+(5.1−0.24)×(3−0.24)×2=47.91(m²)	m²	47.91
3	水泥砂浆踢脚线	按图示长度乘以高度以面积计算: 工程量=(各墙净长−门洞宽度+门洞侧壁踢脚铺设宽度+附墙垛侧壁宽度)×踢脚线高度=[(3.9−0.24+3×2−0.24)×2+(5.1−0.24+3−0.24)×2×2−(0.9+1)×2−(1.2+1)+0.24×4+0.12×2]×0.15=6.68(m²)	m²	6.68

分部分项工程工程量清单表

工程名称:水泥砂浆楼地面工程　　　　标段:　　　　　　第　页共　页

序号	项目编码	项目名称	项目特征描述	计量单位	工程数量
1	011101001001	水泥砂浆找平层	1. 找平层厚度:20 mm; 2. 砂浆配合比:1:3水泥砂浆	m²	47.91
2	011101001007	水泥砂浆楼面	1. 面层厚度:10 mm; 2. 砂浆配合比:1:2水泥砂浆	m²	47.91
3	011105001001	水泥砂浆踢脚线	1. 踢脚线高度:150 mm; 2. 踢脚线材料:水泥砂浆	m²	6.68

【方案 2 解析】 根据案例设计方案 2 已知条件，结合楼地面清单计算规则，编写工程量清单如下：

工程量计算书

工程名称：大理石楼地面工程　　　　标段：　　　　　　　　　　第　页共　页

序号	项目名称（构件部位）	计算过程	单位	工程数量
1	水泥砂浆找平层	按图示尺寸以面积计算： 工程量＝各房间楼面净长×净宽＝(3.9－0.24)×(3＋3－0.24)＋(5.1－0.24)×(3－0.24)×2＝47.91(m²)	m²	47.91
2	大理石楼面	按图示尺寸以面积计算，加上门洞口部分工程量 工程量＝(各房间楼面净长×净宽)＋(各门洞宽度×墙厚) (3.9－0.24)×(3＋3－0.24)＋(5.1－0.24)×(3－0.24)×2＋(1×2＋1.2＋0.9)×0.24＝48.89(m²)	m²	48.89
3	大理石踢脚线	按图示长度乘以高度以面积计算： 工程量＝(各墙净长－门洞宽度＋门洞侧壁踢脚铺设宽度＋附墙垛侧壁宽度)×踢脚线高度＝[(3.9－0.24＋3×2－0.24)×2＋(5.1－0.24＋3－0.24)×2×2－(0.9＋1)×2－(1.2＋1)＋0.24×4＋0.12×2]×0.15＝6.68(m²)	m²	6.68

分部分项工程工程量清单表

工程名称：大理石楼地面工程　　　　标段：　　　　　　　　　　第　页共　页

序号	项目编码	项目名称	项目特征描述	计量单位	工程数量
1	011101001001	水泥砂浆找平层	1. 找平层厚度：20 mm； 2. 砂浆配合比：1∶3 水泥砂浆	m²	47.91
2	011101001007	大理石楼面	1. 1∶2 水泥砂浆结合层 2. 大理石 600 mm×600 mm	m²	48.89
3	011105001001	大理石踢脚线	1. 踢脚线高度：150 mm 2. 踢脚线材料：大理石	m²	6.68

Part2　任务单

任务单：编制楼地面工程量清单

<table>
<tr><td colspan="2" align="center">编制楼地面工程量清单任务单</td></tr>
<tr><td>任务完成环境</td><td>根据《曙光新苑结构施工图纸》要求，完成曙光新苑工程的楼地面工程量计算。
1. 场地：教室。
2. 工具：计算器、图纸。
3. 工具书：①《建筑与装饰工程计量与计价》教材。
　　　　　②2017年辽宁省《房屋建筑与装饰工程定额》。
　　　　　③《建筑预算手册》。
　　　　　④《辽2004J301》图集、《辽2005J401》图集。
4. 材料：工程量计算书、建筑工程量清单表</td></tr>
<tr><td>任务完成时间</td><td>3 h</td></tr>
<tr><td>任务完成结果</td><td>1. 编写楼地面工程量计算书；
2. 编制楼地面工程量清单</td></tr>
<tr><td>任务要求</td><td>1. 工程量计算时要按清单规定的计算规则、项目、单位进行；
2. 严格按照施工图纸计算，并按一定的顺序认真识图、审图，防止重算、漏算，确保数据准确、项目齐全；
3. 工程量清单编制：项目编码、项目特征、编写要完整，内容齐全</td></tr>
<tr><td>任务重点</td><td>1. 工程量计算准确；
2. 工程量清单编制完整</td></tr>
<tr><td>任务反馈</td><td></td></tr>
</table>

1.2.12　墙柱面工程量清单编制

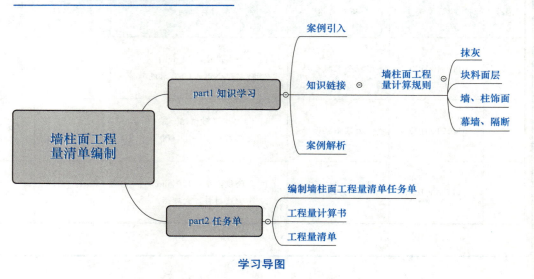

学习导图

Part1　知识学习

❖ 案例引入

【案例】　某建筑物平面图及北立面图如图1-2-27所示,墙厚为240 mm,内墙面为20 mm厚1:2水泥砂浆,外墙面为普通水泥白石子水刷石(12 mm+12 mm),门窗尺寸分别为:M—1:900 mm×2 000 mm;M—2:1 200 mm×2 000 mm;M—3:1 000 mm×2 000 mm;C—1:1 500 mm×1 500 mm;C—2:1 800 mm×1 500 mm;C—3:3 000 mm×1 500 mm。试编制该建筑墙柱面的工程量清单。

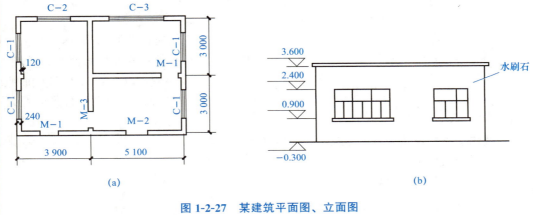

图1-2-27　某建筑平面图、立面图
(a)平面图;(b)北立面图

【分析】
1. 内外墙分别属于哪种墙面装饰形式?
2. 内外墙工程量清单都包含哪些工作内容?如何编制?
3. 工程量如何计算?

❖ 知识链接

墙柱面、装饰与隔断、幕墙工程量计算规则如下。

1. 抹灰(011201、011202、011203)

(1)内墙面、墙裙抹灰面积应扣除门窗洞口和单个面积>0.3 m² 以上的空圈所占的面积,不扣除踢脚线、挂镜线及单个面积≤0.3 m² 的孔洞和墙与构件交接处的面积。且门窗洞口、空圈、孔洞的侧壁及顶面面积也不增加,附墙柱、梁、垛、附墙烟囱的侧面抹灰应并入墙面、墙裙抹灰工程量内计算。

内墙面、墙裙抹灰工程量=内墙垂直投影面积-门窗洞口面积-0.3 m² 以上孔洞面积

(2)内墙面、墙裙的长度以主墙间的设计图示净长计算,墙裙高度按设计图示高度计算,墙面高度按室内楼地面结构净高计算;墙面抹灰面积应扣除墙裙抹灰面积,如墙面和墙裙抹灰种类相同者,工程量合并计算;吊顶天棚的内墙面一般抹灰,其高度按室内地面或楼面至吊顶底面另加100 mm 计算。

(3)外墙面抹灰面积按垂直投影面积计算,应扣除门窗洞口、外墙裙(墙面和墙裙抹灰

种类相同者应合并计算)和单个面积>0.3 m² 的孔洞所占面积,不扣除单个面积≤0.3 m² 的孔洞所占面积,门窗洞口及孔洞侧壁与顶面面积也不增加。附墙柱、梁、垛、附墙烟囱侧面抹灰面积应并入外墙面抹灰工程量内。

(4)外墙裙抹灰面积按墙裙长度乘以高度计算。扣除门窗洞口和大于0.3 m² 的孔洞所占面积,门窗洞口及孔洞的侧壁与顶面不增加。

(5)墙面勾缝按垂直投影面积计算,应扣除墙裙和墙面抹灰的面积,不扣除门窗洞口、门窗套、腰线等零星抹灰所占的面积,附墙柱和门窗洞口侧面及顶面的勾缝面积亦不增加。独立柱、房上烟囱勾缝,按图示尺寸以 m² 计算。

(6)柱面抹灰按设计图示柱结构断面周长乘以高度以面积计算。

$$柱面抹灰工程量 = 柱结构断面周长 \times 柱高$$

(7)女儿墙(包括泛水、挑砖)内侧、阳台栏板(不扣除花格所占孔洞面积)内侧与阳台栏板外侧抹灰工程量按其投影面积分别计算,块料按展开面积计算;女儿墙无泛水、挑砖者,人工及机械乘以系数1.10,女儿墙带泛水、挑砖者,人工及机械乘以系数1.30 按墙面相应项目执行;女儿墙内侧、阳台栏板内侧并入内墙计算,女儿墙外侧、阳台栏板外侧并入外墙计算。

(8)装饰线条抹灰按设计图示尺寸以长度计算。

(9)装饰抹灰分格嵌缝按抹灰面面积计算。

(10)"零星抹灰"按设计图示尺寸以展开面积计算。

2. 块料面层(011204、011205、011206)

(1)挂贴石材零星项目中的柱墩、柱帽是按圆弧形成品考虑的,按其圆的最大外径以周长计算;其他类型的柱帽、柱墩工程量按设计图示尺寸以展开面积计算。

(2)墙面块料面层,按镶贴表面积计算。

(3)柱镶贴块料面层按设计图示饰面外围尺寸乘以高度以面积计算。

(4)干挂石材钢骨架按设计图示以质量计算。

3. 墙饰面(011207)、柱(梁)饰面(011208)

(1)龙骨、基层、面层墙饰面项目按设计图示饰面尺寸以面积计算,扣除门窗洞口及单个面积>0.3 m² 以上的空圈所占面积,门窗洞口及空圈侧壁按展开面积计算,不扣除单个面积≤0.3 m² 的孔洞所占面积,门窗洞口及孔洞侧壁面积也不增加。

(2)柱(梁)饰面的龙骨、基层、面层按设计图示饰面尺寸以面积计算,柱帽、柱墩并入相应柱面积计算。

4. 幕墙(011209)、隔断(011210)

(1)带骨架幕墙,按设计图示框外围尺寸以面积计算,不扣除与幕墙同种材质的窗所占面积;全玻幕墙按设计图示尺寸以面积计算;带肋全玻璃幕墙是指玻璃墙带玻璃肋,其工程量按展开面积计算,即玻璃肋的工程量合并在玻璃幕墙工程量内。

(2)隔断按设计图示外围尺寸以面积计算,扣除门窗洞口及单个面积>0.3 m² 的孔洞所占面积;浴厕门的材质与隔断相同时,门的面积并入隔断面积内。

(3)全玻隔断的不锈钢边框工程量按展开面积计算,如有加强肋(指带玻璃肋)者,工程量按展开面积计算。

❖ 案例解析

【解析】 根据案例已知条件,结合墙柱面工程量计算规则,编写工程量清单如下:

工程量计算书

工程名称:墙柱面工程　　　　　　标段:　　　　　　　　　　　　第　页共　页

序号	项目名称 (构件部位)	计算过程	单位	工程数量
1	内墙面抹灰	按图示尺寸以面积计算,扣除门窗洞口面积,加上附墙柱、垛侧壁面积: 工程量=(各墙净长之和+附墙垛侧壁宽度)×抹灰高度—门窗洞口面积={[3.9—0.24+(6—0.24)]×2+0.12×2+[3—0.24+(5.1—0.24)]×4}×3.6—(1.5×1.5×4+1.8×1.5+3×1.5+0.9×2×3+1.2×2+1×2×2)=150.42(m²)	m²	150.42
2	外墙面水刷石	按垂直投影面积计算,扣除门窗洞口所占面积: 工程量=各外墙垂直投影面积—门窗洞口面积=(3.9+5.1+0.24+3×2+0.24)×2×(3.6+0.3)—(1.5×1.5×4+1.8×1.5+3×1.5+0.9×2+1.2×2)=100.34(m²)	m²	100.34

分部分项工程工程量清单表

工程名称:墙柱面工程　　　　　　标段:　　　　　　　　　　　　第　页共　页

序号	项目编码	项目名称	项目特征描述	计量单位	工程数量
1	011201001001	内墙抹灰	1. 抹灰厚度:20 mm,底层厚度14 mm,面层厚度6 mm; 2. 砂浆配合比:1:2水泥砂浆	m²	150.42
2	011201002001	外墙水刷石	1. 水刷石墙面厚度:12 mm+12 mm; 2. 普通水泥白石子水刷石	m²	100.34

Part2　任务单

任务单:编制墙柱面工程量清单

编制墙柱面工程量清单任务单	
任务完成环境	根据《曙光新苑结构施工图纸》要求,完成曙光新苑工程的墙柱面工程量计算。 1. 场地:教室。 2. 工具:计算器、图纸。 3. 工具书:①《建筑与装饰工程计量与计价》教材。 ②2017年辽宁省《房屋建筑与装饰工程定额》。 ③《建筑预算手册》。 ④《辽 2004J301》图集、《辽 2005J401》图集等。 4. 材料:工程量计算书、建筑工程量清单表

续表

任务完成时间	3 h
任务完成结果	1. 编写墙柱面工程量计算书； 2. 编制墙柱面工程量清单
任务要求	1. 工程量计算时要按清单规定的计算规则、项目、单位进行； 2. 严格按照施工图纸计算，并按一定的顺序认真识图、审图，防止重算、漏算，确保数据准确、项目齐全； 3. 工程量清单编制：项目编码、项目特征、编写要完整，内容齐全
任务重点	1. 工程量计算准确； 2. 工程量清单编制完整
任务反馈	

知识拓展

"水立方"（图 1-2-28）是北京奥运会国家游泳中心，它的膜结构是世界之最。它是根据细胞排列形式和肥皂泡天然结构设计而成的，这种形态在建筑结构中从来没有出现过，创意十分奇特。

"水立方"的墙面和屋顶都分内外三层，设计人员利用三维坐标设计了 3 万多个钢质构件（是由中国与澳大利亚的设计人员共同完成），这 3 万多个钢质构件在位置上没有一个是相同的。这些技术都是我国自主创新的科技成果，它们填补了世界建筑史的空白。

图 1-2-28　水立方

2018 年 12 月 26 日，国家游泳中心正式开始改造，启动向"冰立方"的华丽转身。改造后的国家游泳中心将在比赛大厅新增冰壶场地功能，满足北京 2022 年冬奥会和冬残奥会赛事需要，届时将有最多 4 600 名观众坐在"冰立方"，在冰壶划过的优美曲线里，延续 2008 年盛夏水立方的荣光。

——来源：学习强国、百度

1.2.13 天棚工程量清单编制

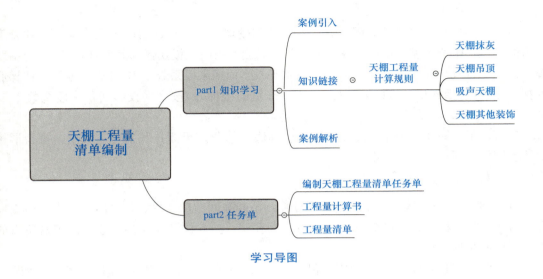

学习导图

Part1 知识学习

❖ 案例引入

【案例】 某工程平面图、剖面图如图1-2-29所示,预制钢筋混凝土板底吊不上人型装配式U形轻钢龙骨,间距为450 mm×450 mm,龙骨上铺9 mm钉胶合板基层,面层粘贴6 mm厚铝塑板,其尺寸如图1-2-29所示。试编制该工程天棚的工程量。

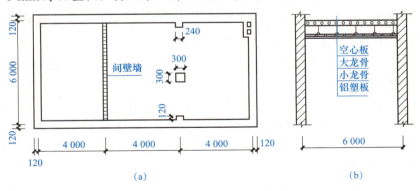

图 1-2-29 某工程平面图、剖面图
(a)平面图;(b)剖面图

【分析】
1. 该天棚属于哪种天棚装饰形式?
2. 该形式天棚工程量清单都包含哪些工作内容?如何编制?
3. 工程量如何计算?

❖ **知识链接**

天棚工程量计算规则如下。

1. 天棚抹灰(011301)

按设计结构尺寸以展开面积计算。不扣除间壁墙、垛、柱、附墙烟囱、检查口和管道所占的面积,带梁天棚的梁两侧抹灰面积并入天棚面积内,板式楼梯底面抹灰面积(包括踏步、休息平台及≤500 mm宽的楼梯井)按水平投影面积乘以系数1.15计算,锯齿形楼梯底面抹灰面积(包括踏步、休息平台及≤500 mm宽的楼梯井)按水平投影面积乘以系数1.37计算。

檐口、阳台底面、雨篷底面或顶面及楼梯底面抹灰按天棚抹灰执行。其中,锯齿形楼梯按天棚抹灰项目人工乘以系数1.35。

2. 天棚吊顶(011302)

(1)天棚龙骨按主墙间水平投影面积计算,不扣除间壁墙、垛、柱、附墙烟囱、检查口和管道所占的面积,扣除单个面积>0.3 m^2的孔洞、独立柱及与天棚相连的窗帘盒所占的面积。斜面龙骨按斜面计算。

天棚龙骨工程量=主墙间水平投影面积-0.3 m^2以上孔洞面积-独立柱面积-窗帘盒面积

①除烤漆龙骨天棚为龙骨、面层合并列项外,其余均为天棚龙骨、基层、面层分别列项编制。

②龙骨的种类、间距、规格和基层、面层材料的型号、规格是按常用材料和常用做法考虑,如设计要求不同时,材料可以调整,人工、机械不变。

③轻钢龙骨、铝合金龙骨项目中龙骨按双层双向结构考虑,即中、小龙骨紧贴大龙骨底面吊挂,如为单层结构时,即大、中龙骨底面在同一水平上者,人工乘以系数0.85。

(2)吊顶天棚的基层和面层均按设计图示尺寸以展开面积计算。天棚面中的灯槽及跌级、阶梯式、锯齿形、吊挂式、藻井式天棚面积按展开计算。不扣除间壁墙、垛、柱、附墙烟囱、检查口和管道所占的面积,扣除单个面积>0.3 m^2的孔洞、独立柱及与天棚相连的窗帘盒所占的面积。

①天棚面层在同一标高者为平面天棚,天棚面层不在同一标高者为跌级天棚。跌级天棚的面层按相应项目人工乘以系数1.30。

②天棚面层不在同一标高,且高差在4 000 mm以下、跌级三级以内的一般直线型平面天棚按跌级天棚相应项目执行;高差在400 mm以上或跌级超过三级,以及圆弧形、拱形等造型天棚按吊顶天棚中的艺术造型天棚相应项目执行。

③天棚面层不在同一标高,且高差在4 000 mm以下、跌级三级以内的一般直线型平面天棚按跌级天棚相应项目执行;高差在400 mm以上或跌级超过三级,以及圆弧形、拱形等造型天棚按吊顶天棚中的艺术造型天棚相应项目执行。

(3)格栅吊顶、藤条造型悬挂吊顶、织物软雕吊顶和装饰网架吊顶,按设计图示尺寸以水平投影面积计算。吊筒吊顶以最大外围水平投影尺寸,以外接矩形面积计算。

格栅吊顶、吊筒吊顶、藤条造型悬挂吊顶、织物软雕吊顶、装饰网架吊顶,龙骨、面层合并列项编制。

3. 吸声天棚(011303)

保温吸声层按实铺面积计算。

4. 天棚其他装饰(011304)

(1)灯带(槽)按设计图示尺寸以框外围面积计算。
(2)灯光孔、风口按设计图示数量以"个"计算。

❖ 案例解析

【解析】 根据案例已知条件,结合天棚工程量计算规则,编写工程量清单如下：

工程量计算书

工程名称：天棚工程　　　　　　　标段：　　　　　　　　　　　第　页共　页

序号	项目名称（构件部位）	计算过程	单位	工程数量
1	轻钢龙骨	按主墙间水平投影面积计算，扣除独立柱所占面积：工程量＝主墙间天棚净长×净宽－独立柱的面积＝(12－0.24)×(6－0.24)－0.30×0.30＝67.65(m²)	m²	67.65
2	天棚基层	按图示尺寸以展开面积计算，扣除独立柱所占面积：工程量＝主墙间天棚净长×净宽－独立柱的面积＝(12－0.24)×(6－0.24)－0.30×0.30＝67.65(m²)	m²	67.65
3	天棚面层	按图示尺寸以展开面积计算，扣除独立柱所占面积：工程量＝主墙间天棚净长×净宽－独立柱的面积＝(12－0.24)×(6－0.24)－0.30×0.30＝67.65(m²)	m²	67.65

分部分项工程工程量清单表

工程名称：天棚工程　　　　　　　标段：　　　　　　　　　　　第　页共　页

序号	项目编码	项目名称	项目特征描述	计量单位	工程数量
1	011302001023	轻钢龙骨	1. 不上人型装配式U形轻钢龙骨；2. 间距450 mm×450 mm	m²	67.65
2	011302001073	天棚基层	1. 胶合板基层；2. 厚度：9 mm	m²	67.65
3	011302001089	天棚面层	1. 铝塑板天棚面层6 mm厚；2. 粘贴在胶合板基层	m²	67.65

Part2　任务单

任务单：编制天棚工程量清单

编制天棚工程量清单任务单	
任务完成环境	根据《曙光新苑结构施工图纸》要求，完成曙光新苑工程的天棚工程量计算。 1. 场地：教室。 2. 工具：计算器、图纸。 3. 工具书：①《建筑与装饰工程计量与计价》教材。 ②2017年辽宁省《房屋建筑与装饰工程定额》。 ③《建筑预算手册》。 ④《辽2004J301》图集、《辽2005J401》图集等。 4. 材料：工程量计算书、建筑工程量清单表
任务完成时间	3 h
任务完成结果	1. 编写天棚工程量计算书； 2. 编制天棚工程量清单
任务要求	1. 工程量计算时要按清单规定的计算规则、项目、单位进行； 2. 严格按照施工图纸计算，并按一定的顺序认真识图、审图，防止重算、漏算，确保数据准确、项目齐全； 3. 工程量清单编制：项目编码、项目特征、编写要完整，内容齐全
任务重点	1. 工程量计算准确； 2. 工程量清单编制完整
任务反馈	

知识拓展

　　1958年，人民大会堂的建设开工，其主会场万人大礼堂跨度达76 m，高度和纵深都比已完工的全国政协礼堂更大。其穹顶吊灯的设计安装成了难题——政协礼堂的吊灯就曾因过重掉下来过，而人民大会堂的吊灯更大，穹顶根本承受不了。这个问题反映到周恩来总理处，总理组织了一个"诸葛亮会"，著名工艺美术家周令钊带着学生和老师前往参加。

　　当时到会的人还没到齐，周令钊就问总理：这到底是个什么会？当得知会议议题时，周令钊立马提出想法：满天星，满天星嘛！随手就用铅笔在速写本上画出了中间是五角星，整体以满天星的环形结构向外延展的设计草图。周总理拿来一看，就揣在兜里说：好吧！告诉他们别来了，散会！周令钊这一画，画出了人民大会堂里的经典设计（图1-2-30）。

图1-2-30　人民大会堂吊灯

——来源：学习强国

1.2.14 门窗工程量清单编制

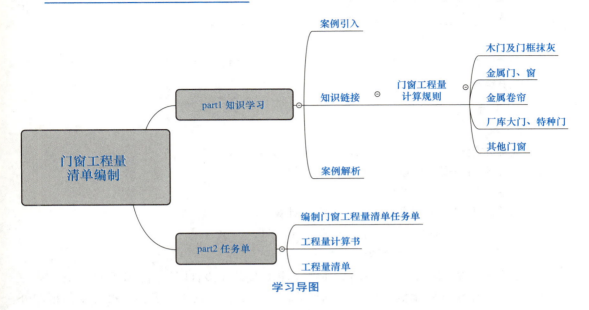

学习导图

Part1　知识学习

❖ 案例引入

【案例】 某工程给出门窗统计表,见表1-2-15,试编制该建筑门窗的工程量清单。

表 1-2-15　某工程门窗表

门窗编号	洞口尺寸/mm		数量/樘	备注
	宽	高		
M—1	2 500	2 200	1	成品全玻转门
M—2	1 500	2 200	3	铝合金框推拉门
M—3	1 500	2 700	1	钢质防盗门
M—4	1 200	2 100	23	单扇成品套装门
M—5	1 800	2 100	15	双扇成品套装门
M—6	1 200	1 800	2	钢质防火门(丙级)
C—1	2 600	3 400	10	铝合金窗
C—2	1 500	2 100	40	塑钢窗(平开)
C—3	3 700	2 100	10	
C—4	1 500	400	11	

> 【分析】
> 1. 门、窗分别属于哪种门窗类型?
> 2. 门、窗工程量清单都包含哪些工作内容?如何编制?
> 3. 工程量如何计算?

❖ **知识链接**

门窗工程量计算计算规则如下。

1. 木门及门框抹灰(010801)

(1)成品木门框安装按设计图示框外围尺寸长度计算。

(2)成品木门扇安装按设计图示扇面积计算。

(3)成品套装木门安装按设计图示数量计算。

(4)木质防火门安装按设计图示洞口面积计算。

成品套装门安装包括门套和门扇的安装。

2. 金属门(010802)、金属窗(010807)

(1)铝合金门窗(飘窗、阳台封闭除外)、塑钢门窗均按设计图示门、窗洞口面积计算。

(2)门连窗按设计图示洞口面积分别计算门、窗面积。其中,窗的宽度算至门框的外边线。

(3)纱门、纱窗扇按设计图示扇外围面积计算。

(4)飘窗、阳台封闭按设计图示框型材外边线尺寸以展开面积计算。

(5)钢质防火门、防盗门按设计图示门洞口面积计算。

(6)防盗窗按设计图示窗框外围面积计算。

(7)彩板钢门窗按设计图示门、窗洞口面积计算。彩板钢门窗附框按框中心线长度计算。

①无机布基防火卷帘(闸)门的安装执行防火卷帘(闸)门相应子目。

②转角窗的安装执行飘窗子目,工程量计算规则同飘窗。

3. 金属卷帘(闸)(010803)

金属卷帘(闸)按设计图示卷帘门宽度乘以卷帘门高度(包括卷帘箱高度)以面积计算。电动装置安装按设计图示套数计算。

4. 厂库房大门、特种门(010804)

厂库房大门、特种门按设计图示门洞口面积计算。

5. 其他门(010805)

(1)全玻有框门扇按设计图示扇边框外边线尺寸以扇面积计算。

(2)全玻无框(条夹)门扇按设计图示扇面积计算,高度算至条夹外边线、宽度算至玻璃外边线。

(3)全玻无框(点夹)门扇按设计图示玻璃外边线尺寸以扇面积计算。

(4)无框亮子按设计图示门框与横梁或立柱内边缘尺寸玻璃面积计算。

(5)全玻转门按设计图示数量计算。

(6)不锈钢伸缩门按设计图示延长米计算。

(7)传感和电动装置按设计图示套数计算。

6. 门钢架、门窗套(010808)

(1)门钢架按设计图示尺寸以质量计算。
(2)门钢架基层、面层按设计图示饰面外围尺寸展开面积计算。
(3)门窗套(筒子板)龙骨、面层、基层均按设计图示饰面外围尺寸展开面积计算。
(4)成品门窗套按设计图示饰面外围尺寸展开面积计算。

7. 窗台板(010809)、窗帘盒、轨(010810)

(1)窗台板按设计图示长度乘宽度以面积计算。图纸未注明尺寸的,窗台板长度可按窗框的外围宽度两边共加 100 mm 计算。窗台板凸出墙面的宽度按外墙外加 50 mm 计算。
(2)窗帘盒、窗帘轨按设计图示长度计算。
(3)窗帘按设计图示尺寸以 m² 计算。

❖ **案例解析**

【解析】 根据案例门窗表,结合门窗工程量计算规则,编写工程量清单如下:

工程量计算书

工程名称:门窗工程　　　　标段:　　　　　　　　　第　页共　页

序号	项目名称（构件部位）	计算过程	单位	工程数量
1	成品全玻转门	按图示数量计算:M—1:2 500 mm×2 200 mm　1樘	樘	1
2	铝合金框推拉门	按设计图示门洞面积计算:M—2:1 500 mm×2 200 mm　3樘 工程量=门洞面积×樘数=1.5×2.4×3=10.80(m²)	m²	10.80
3	钢质防盗门	按设计图示门洞面积计算:M—3:1 500 mm×2 700 mm　1樘 工程量=门洞面积×樘数=1.5×2.7×1=4.05(m²)	m²	4.05
4	单扇成品套装门	按图示数量计算:M—4:1 200 mm×2 100 mm　23樘	樘	23
5	双扇成品套装门	按图示数量计算:M—5:1 800 mm×2 100 mm　15樘	樘	15
6	钢质防火门(丙级)	按设计图示门洞面积计算:M—6:1 200 mm×1 800 mm　2樘 工程量=门洞面积×樘数=1.2×1.8×2=4.32(m²)	m²	4.32
7	铝合金窗	按设计图示窗洞口面积计算:C—1:2 600 mm×3 400 mm　10樘 工程量=窗洞面积×樘数=2.6×3.4×10=88.40(m²)	m²	88.40

续表

序号	项目名称（构件部位）	计算过程	单位	工程数量
8	塑钢窗（平开）	按设计图示窗洞口面积计算：C－2：1 500 mm×2 100 mm 45 樘 C－3：3 700 mm×2 100 mm 10 樘 C－4：1 500 mm×400 mm 11 樘 工程量＝C－2 窗洞面积×樘数＋C－3 窗洞面积×樘数＋C－4 窗洞面积×樘数＝1.5×2.1×45＋3.7×2.1×10＋1.5×0.4×11＝226.05(m²)	m²	226.05

分部分项工程工程量清单表

工程名称：门窗工程　　　　　　　　标段：　　　　　　　　第　页共　页

序号	项目编码	项目名称	项目特征描述	计量单位	工程数量
1	010805002001	全玻转门	1. M－1：2 500 mm×2 200 mm； 2. 成品全玻转门，不含纱窗	樘	1
2	010802001001	铝合金框推拉门	1. M－2：1 500 mm×2 200 mm； 2. 隔热断桥铝合金推拉门	m²	10.80
3	010802004001	钢质防盗门	1. M－3：1 500 mm×2 700 mm； 2. 钢制防盗门	m²	4.05
4	010801007003	单扇成品套装门	1. M－4：1 200 mm×2 100 mm； 2. 成品套装木门(单扇)	樘	23
5	010801007004	双扇成品套装门	1. M－5：1 800 mm×2 100 mm； 2. 成品套装木门(双扇)	樘	15
6	010802003001	钢质防火门	1. M－6：1 200 mm×1 800 mm； 2. 钢质防火门(丙级)	m²	4.32
7	010807001001	铝合金窗	1. C－1：2 600 mm×3 400 mm； 2. 隔热断桥铝合金推拉窗	m²	88.40
8	010807001006	塑钢窗(平开)	1. C－2：1 500 mm×2 100 mm；C－3：3 700 mm×2 100 mm；C－4：1 500 mm×400 mm； 2. 塑钢窗(平开)	m²	226.05

Part2　任务单

任务单：编制门窗工程量清单

\<编制门窗工程量清单任务单\>	
任务完成环境	根据《曙光新苑结构施工图纸》要求，完成曙光新苑工程的门窗工程量计算。 1. 场地：教室。 2. 工具：计算器、图纸。 3. 工具书：①《建筑与装饰工程计量与计价》教材。 　　　　　②2017年辽宁省《房屋建筑与装饰工程定额》。 　　　　　③《建筑预算手册》。 　　　　　④《辽2004J301》图集、《辽2005J401》图集等。 4. 材料：工程量计算书、建筑工程量清单表
任务完成时间	3 h
任务完成结果	1. 编写门窗工程量计算书； 2. 编制门窗工程量清单
任务要求	1. 工程量计算时要按清单规定的计算规则、项目、单位进行； 2. 严格按照施工图纸计算，并按一定的顺序认真识图、审图，防止重算、漏算，确保数据准确、项目齐全； 3. 工程量清单编制：项目编码、项目特征、编写要完整，内容齐全
任务重点	1. 工程量计算准确； 2. 工程量清单编制完整
任务反馈	

知识拓展

哈尔滨大剧院（图1-2-31）是哈尔滨标志性建筑，依水而建，与哈尔滨文化岛的定位和设计相一致，体现北国风光大地景观的设计概念。作为公共建筑设施，哈尔滨大剧院力图从剧院、景观、广场和立体平台多方位给市民及游人提供不同的空间感受。其内部设计也非常巧妙，采用了世界首创的将自然光引入剧场的方式——大堂顶部横跨一个天窗，天窗上有金字塔般的结晶幕墙单元体，最大限度地吸收太阳光，创造了节能环保新模式。剧场内采用质感温暖的水曲柳木材，做成环绕大剧场室内外的曲面墙体，兼顾美观与上好的音效功能。

图1-2-31　哈尔滨大剧院

——来源：学习强国

1.2.15 油漆、涂料、裱糊工程量清单编制

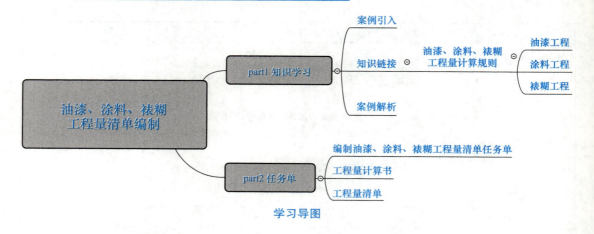

学习导图

Part1　知识学习

❖ 案例引入

【案例】　某建筑平面、剖面及门窗如图 1-2-32 所示，成品窗、窗连门尺寸如图 1-2-32 所示，居中立樘，框厚为 80 mm，墙厚为 240 mm；外墙刷真石漆墙面；木墙裙高为 1 000 mm，上润油粉、刮腻子、油色、清漆四遍、磨退出亮；内墙及天棚刷防瓷涂料两遍。试编制该工程油漆涂料的工程量清单。

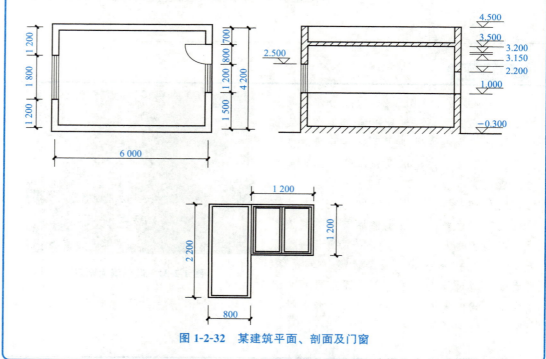

图 1-2-32　某建筑平面、剖面及门窗

> 【分析】
> 1. 该建筑有哪几种油漆、涂料工程?
> 2. 对应油漆、涂料工程量清单都包含哪些工作内容?如何编制?
> 3. 工程量如何计算?

❖ **知识链接**

油漆、涂料、裱糊工程量计算规则如下。

1. 木门油漆工程(011401)

执行单层木门油漆的项目,其工程量计算规则及相应系数见表1-2-16。

表 1-2-16　工程量计算规则和系数表

序号	项目	系数	工程量计算规则(设计图示尺寸)
1	单层木门	1.00	门洞口面积
2	单层半玻门	0.85	
3	单层全玻门	0.75	
4	半截百叶门	1.50	
5	全百叶门	1.70	
6	厂库房大门	1.10	
7	纱门扇	0.80	
8	特种门(包括冷藏门)	1.00	
9	装饰门扇	0.90	扇外围尺寸面积
10	间壁、隔断	1.00	长×宽 (满外量、不展开)
11	玻璃间壁露明墙筋	0.80	
12	木栅栏、木栏杆(带扶手)	0.90	

2. 木扶手及其他板条、线条油漆工程(011403)

(1)执行木扶手(不带托板)油漆的项目,其工程量计算规则及相应系数见表1-2-17。

表 1-2-17　工程量计算规则和系数表

序号	项目	系数	工程量计算规则(设计图示尺寸)
1	木扶手(不带托板)	1.00	延长米
2	木扶手(带托板)	2.50	
3	封檐板、博风板	1.70	
4	黑板框、生活园地框	0.50	

(2)木线条油漆按设计图示尺寸以长度计算。

3. 其他木材面油漆工程(011404)

(1)执行其他木材面油漆的项目,其工程量计算规则及相应系数见表1-2-18。

表 1-2-18　工程量计算规则和系数表

序号	项目	系数	工程量计算规则(设计图示尺寸)
1	木板、胶合板天棚	1.00	长×宽
2	屋面板带檩条	1.10	斜长×宽
3	清水板条檐口天棚	1.10	长×宽
4	吸声板(墙面或天棚)	0.87	长×宽
5	鱼鳞板墙	2.40	长×宽
6	木护墙、木墙裙、木踢脚	0.83	长×宽
7	窗台板、窗帘盒	0.83	长×宽
8	出入口盖板、检查口	0.87	长×宽
9	壁橱	0.83	展开面积
10	木屋架	1.77	跨度(长)×中高×1/2
11	以上未包括的其余木材面油漆	0.83	展开面积

(2)木地板油漆按设计图示尺寸以面积计算,空洞、空圈、暖气包槽、壁龛的开口部分并入相应的工程量内。

(3)木龙骨刷防火、防腐涂料按设计图示尺寸以投影面积计算。

(4)基层板刷防火、防腐涂料按实际涂刷面积计算。

(5)油漆面抛光打蜡按相应刷油部位油漆工程量计算规则计算。

4. 金属面油漆工程(011405)

(1)执行金属面油漆、涂料项目,其工程量按质量或设计图示尺寸以展开面积计算。质量在 500 kg 以内的单个金属构件,可参考表 1-2-19 中相应的系数,按质量(t)折算为面积。

表 1-2-19　质量折算面积参考系数表

序号	项目	系数
1	钢栅栏门、栏杆、窗栅	64.98
2	钢爬梯	44.84
3	踏步式钢扶梯	39.90
4	轻型屋架	53.20
5	零星铁件	58.00

(2)执行金属平板屋面、镀锌薄钢板面(涂刷磷化、锌黄底漆)油漆的项目,其工程量计算规则及相应的系数见表 1-2-20。

表 1-2-20　工程量计算规则和系数表

序号	项目	系数	工程量计算规则(设计图示尺寸)
1	平板屋面	1.00	斜长×宽
2	瓦垄板屋面	1.20	斜长×宽
3	排水、伸缩缝盖板	1.05	展开面积

续表

序号	项目	系数	工程量计算规则(设计图示尺寸)
4	吸气罩	2.20	水平投影面积
5	包镀锌薄钢板门	2.20	门窗洞口面积

注:多面涂刷按单面计算工程量。

5. 抹灰面油漆(011406)、涂料工程(011407)

(1)抹灰面油漆、涂料(另做说明的除外)按设计图示尺寸以面积计算。

(2)踢脚线刷耐磨漆按设计图示尺寸长度计算。

(3)槽型底板、混凝土折瓦板、有梁板底、密肋梁板底、井字梁板底刷油漆、涂料按设计图示尺寸展开面积计算。

(4)墙面及天棚面刷石灰油漆、白水泥、石灰浆、石灰大白浆、普通水泥浆、可赛银浆、大白浆等涂料工程量按实际展开面积计算。

(5)混凝土花格窗、栏杆花饰刷(喷)油漆、涂料按单面外围面积计算。

(6)天棚、墙、柱面基层板缝粘贴胶带纸按相应天棚、墙、柱面基层板面积计算。

6. 裱糊工程(011408)

墙面、天棚面裱糊按设计图示尺寸以面积计算。

❖ 案例解析

【解析】 根据案例已知条件,结合油漆、涂料、裱糊工程量计算规则,编写工程量清单如下:

工程量计算书

工程名称:油漆、涂料工程　　　　　标段:　　　　　　　第　页共　页

序号	项目名称 (构件部位)	计算过程	单位	工程数量
1	外墙真石漆	按设计图示尺寸以面积计算: 工程量=外墙垂直投影面积-门窗洞口面积=(6+0.24+4.2+0.24)×2×4.8-(2.2×0.8+1.2×1.2+1.8×1.5)=96.63(m^2)	m^2	96.63
2	木墙裙油漆	按图示尺寸长×宽×系数(0.83)计算: 工程量=墙裙长×高×0.83=[(6+0.24+4.2+0.24)×2-0.8]×1×0.83=17.06(m^2)	m^2	17.06
3	内墙面油漆	按设计图示尺寸以面积计算: 工程量=内墙净周长×内墙净高-窗洞口面积=(6-0.24+4.2-0.24)×2×2.5-2×1.2-1.8×1.5=43.50(m^2)	m^2	43.50
4	天棚涂料	按设计图示尺寸以面积计算: 工程量=主墙间天棚净长×净宽=(6-0.12×2)×(4.2-0.12×2)=22.81(m^2)	m^2	22.81

分部分项工程工程量清单表

工程名称：油漆、涂料工程　　　　　　标段：　　　　　　　　　　第　页共　页

序号	项目编码	项目名称	项目特征描述	计量单位	工程数量
1	011406001003	外墙真石漆	1. 满刮腻子两遍； 2. 刷底漆、真石漆	m^2	96.63
2	011404001007	木墙裙油漆	1. 润油粉、刮腻子； 2. 硝基清漆四遍、磨退出亮	m^2	17.06
3	011407001003	内墙面油漆	1. 满刮腻子； 2. 仿瓷涂料两遍	m^2	43.50
4	011407002003	天棚涂料	1. 满刮腻子； 2. 仿瓷涂料两遍	m^2	22.81

Part2　任务单

任务单：编制油漆、涂料、裱糊工程量清单

编制油漆、涂料、裱糊工程量清单任务单	
任务完成环境	根据《曙光新苑结构施工图纸》要求，完成曙光新苑工程的油漆、涂料、裱糊工程量计算。 1. 场地：教室。 2. 工具：计算器、图纸。 3. 工具书：①《建筑与装饰工程计量与计价》教材。 　　　　　②2017年辽宁省《房屋建筑与装饰工程定额》。 　　　　　③《建筑预算手册》。 　　　　　④《辽2004J301》图集、《辽2005J401》图集等。 4. 材料：工程量计算书、建筑工程量清单表
任务完成时间	3小时
任务完成结果	1. 编写油漆、涂料、裱糊工程量计算书； 2. 编制油漆、涂料、裱糊工程量清单
任务要求	1. 工程量计算时要按清单规定的计算规则、项目、单位进行； 2. 严格按照施工图纸计算，并按一定的顺序认真识图、审图，防止重算、漏算，确保数据准确、项目齐全； 3. 工程量清单编制：项目编码、项目特征、编写要完整，内容齐全
任务重点	1. 工程量计算准确； 2. 工程量清单编制完整
任务反馈	

1.2.16 其他装饰工程量清单编制

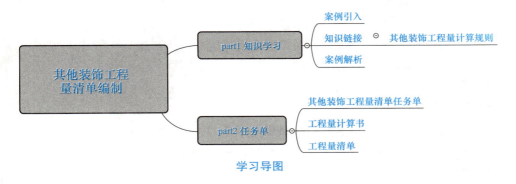

学习导图

Part1 知识学习

❖ 案例引入

【案例】 某店面墙面的钢结构箱式招牌,其尺寸为 12 000 mm×2 000 mm× 200 mm,五夹板衬板,铝塑板面层,钛金字尺寸为 1 500 mm×1 500 mm 的有 6 个,尺寸为 150 mm×100 mm 的有 12 个。试计算招牌清单工程量及材料消耗工程量,并编制该店面墙面招牌(其他装饰)的工程量清单。

【分析】
1. 该店面墙面招牌(其他装饰)工程量清单都包含哪些工作内容?如何编制?
2. 工程量如何计算?

❖ 知识链接

其他装饰工程量计算规则如下。

1. 柜类、货架、柜类、货架(011501)

工程量按各项目计量单位计算。其中以"m^2"为计量单位的项目,其工程量均按正立面的高度(包括脚的高度在内)乘以宽度计算。

2. 压条、装饰线(011502)

(1)压条、装饰线条按线条中心线长度计算。
(2)石膏角花、灯盘按设计图示数量计算。

3. 扶手、栏杆、栏板装饰(011503)

(1)扶手、栏杆、栏板、成品栏杆(带扶手)均按其中心线长度计算,不扣除弯头长度。如遇木扶手、大理石扶手为整体弯头时,扶手消耗量需扣除整体弯头的长度,设计不明确者,每只整体弯头按 40 mm 扣除。
(2)硬木弯头、大理石弯头按设计图示数量计算。

4. 暖气罩(011504)

暖气罩(包括脚的高度在内)按边框外围尺寸垂直投影面积计算,成品暖气罩安装按设计图示数量计算。

5. 浴厕配件(011505)

(1)大理石洗漱台按设计图示尺寸以展开面积计算,挡板、吊沿板面积并入其中,不扣除孔洞、挖弯、削角所占面积。

(2)大理石台面面盆开孔按设计图示数量计算。

(3)盥洗室台镜(带框)、盥洗室木镜箱按边框外围面积计算。

(4)盥洗室塑料镜箱、毛巾杆、毛巾环、浴帘杆、浴缸拉手、肥皂盒、卫生纸盒、晒衣架、晾衣绳等按设计图示数量计算。

6. 雨篷、旗杆(011506)

(1)雨篷按设计图示尺寸以水平投影面积计算。

(2)不锈钢旗杆按设计图示数量计算。旗杆高度,按旗杆台座上表面至杆顶的高度(包括球珠)计算。

(3)电动升降系统和风动系统按套数计算。

7. 招牌、灯箱(011507)

(1)柱面、墙面灯箱基层,按设计图示尺寸以展开面积计算。

(2)一般平面广告牌基层,按设计图示尺寸以正立面边框外围面积计算。复杂平面广告牌基层,按设计图示尺寸以展开面积计算。

(3)箱(竖)式广告牌基层,按设计图示尺寸以基层外围体积计算。

(4)广告牌面层、灯箱面层,按设计图示尺寸以展开面积计算。

(5)广告牌钢骨架以吨计算。

8. 美术字(011508)

美术字按设计图示数量计算。

9. 石材、瓷砖加工(011509)

(1)石材、瓷砖倒角按块料设计倒角长度计算。

(2)石材磨边按成型圆边长度计算。

(3)石材开槽按块料成型开槽长度计算。

(4)石材、瓷砖开孔按成型孔洞数量计算。

10. 拆除工程(011601~011617)

(1)墙体拆除(011601):各种墙体拆除按实拆墙体的体积以 m^3 计算,不扣除 0.30 m^2 以内孔洞和构件所占的体积。

(2)钢筋混凝土构件拆除(011602):混凝土及钢筋混凝土的拆除按实拆体积以 m^3 计算,楼梯拆除按水平投影面面积以 m^2 计算。

(3)木构件拆除(011603):各种屋架、半屋架拆除按跨度分类以榀计算,檩、椽拆除不分长短按实际根数计算,望板、油毡、瓦条拆除按实际拆屋面面积以 m^2 计算。

(4)抹灰层铲除(011604):楼地面面层按水平投影面积以 m^2 计算,踢脚线按实际拆除长度以 m 计算,各种墙、柱面面层的拆除或铲除均按实拆面积以 m^2 计算,天棚面层拆除按水平投影面积以 m^2 计算。

(5)块料面层铲除(011605):各种块料面层铲除均按实际铲除面积以 m^2 计算。

(6)龙骨及饰面拆除(011606):各种龙骨及饰面拆除均按实拆面积以 m^2 计算。

(7)屋面拆除(011607):屋面拆除按屋面的实拆面积以 m^2 计算。

(8)铲除油漆涂料裱糊面(011608)：油漆涂料裱糊面层铲除均按实际铲除面积以 m^2 计算。

(9)栏杆栏板、轻质隔断隔墙拆除(011609)：栏杆扶手拆除均按实拆长度以 m 计算。隔墙及隔断的拆除按实拆面积以 m^2 计算。

(10)门窗拆除(011610)：拆整樘门、窗、门窗套均按樘计算，拆门、窗扇以扇计算。

(11)金属构件拆除(011611)：各种金属构件拆除均按实拆构件质量以 t 计算。

(12)管道及卫生洁具拆除(011612)：管道拆除按实拆长度以 m 计算。卫生洁具拆除按实拆数量以套计算。

(13)灯具拆除(011613)：各种灯具、插座拆除均按实拆数量以套、只计算。

(14)其他构件拆除(011614)：暖气罩、嵌入式柜体拆除按正立面边框外围尺寸垂直投影面积计算，窗台板拆除按实拆长度计算，筒子板拆除按洞口内测长度计算，窗帘盒、窗帘轨拆除按实拆长度计算，干挂石材骨架拆除按拆除构件的质量以 t 计算，干挂预埋件拆除以块计算，防火隔离带按实拆长度计算。

(15)开孔(打洞)(011615)：无损切割、绳锯切割工程量按切割构件截断面积以 m^2 计算，钻芯按实钻孔数以孔计算。

(16)建筑垃圾外运(011616)按实方体积计算。

(17)墙面处理(011617)：打磨(凿毛)项目不分局部打磨(凿毛)或星点打磨(凿毛)，打磨(凿毛)面积均按全部打磨(凿毛)考虑，工程量按墙或天棚的净面积计算，扣除门窗洞口和大于 $0.3\ m^2$ 孔洞所占的面积。凿槽长度按实凿长度以 m 计算。

❖ **案例解析**

【解析】根据案例已知条件，结合其他装饰工程量计算规则，编写工程量清单如下：

工程量计算书

工程名称：其他装饰工程　　　　　　　标段：　　　　　　　　第　页共　页

序号	项目名称（构件部位）	计算过程	单位	工程数量
1	箱式招牌基层	按设计图示尺寸以基层外围体积计算： 工程量=招牌长×宽×高=12×2×0.2=4.8(m^3)	m^3	4.8
2	箱式招牌面层	按设计图示尺寸以展开面积计算： 工程量=招牌前面面积+招牌上、下面面积+招牌左、右面面积=12×2+12×0.2×2+2×0.2×2=29.6(m^2)	m^2	29.6
3	1 500 mm×1 500 mm 钛金字	按设计图示数量计算：钛金字1 500 mm×1 500 mm 有6个 工程量=6个	个	6
4	150 mm×100 mm 钛金字	按设计图示数量计算：钛金字150 mm×100 mm 有12个 工程量=12个	个	12

分部分项工程工程量清单表

工程名称：其他装饰工程　　　　　　　　标段：　　　　　　　　　　　第　页共　页

序号	项目编码	项目名称	项目特征描述	计量单位	工程数量
1	011507001005	箱式招牌基层	1. 箱式广告牌规格：12 000 mm×2 000 mm×200 mm； 2. 钢结构(200 厚)	m^3	4.8
2	011507005006	箱式招牌面层	1. 箱式广告牌规格：12 000 mm×2 000 mm×200 mm； 2. 钢结构(200 厚)； 3. 铝塑板面层	m^2	29.6
3	011508004012	1 500 mm×1 500 mm 钛金字	1. 铝塑板基层； 2. 钛金字； 3. 金属字规格：1 500 mm×1 500 mm	个	6
4	011508004003	150 mm×100 mm 钛金字	1. 铝塑板基层； 2. 钛金字； 3. 金属字规格：150 mm×100 mm	个	12

Part2　任务单

任务单：编制其他装饰工程量清单

编制其他装饰工程量清单任务单	
任务完成环境	根据《曙光新苑结构施工图纸》要求，完成曙光新苑工程的其他装饰工程量计算。 1. 场地：教室。 2. 工具：计算器、图纸。 3. 工具书：①《建筑与装饰工程计量与计价》教材。 　　　　　②2017 年辽宁省《房屋建筑与装饰工程定额》。 　　　　　③《建筑预算手册》。 　　　　　④辽 2004J301》图集、《辽 2005J401》图集等。 4. 材料：工程量计算书、建筑工程量清单表
任务完成时间	3 h
任务完成结果	1. 编写其他装饰工程量计算书； 2. 编制其他装饰工程量清单
任务要求	1. 工程量计算时要按清单规定的计算规则、项目、单位进行； 2. 严格按照施工图纸计算，并按一定的顺序认真识图、审图，防止重算、漏算，确保数据准确、项目齐全； 3. 工程量清单编制：项目编码、项目特征、编写要完整，内容齐全
任务重点	1. 工程量计算准确； 2. 工程量清单编制完整
任务反馈	

项目1.3　措施费、其他项目费、规费和税金清单编制

1.3.1　措施项目工程量清单编制

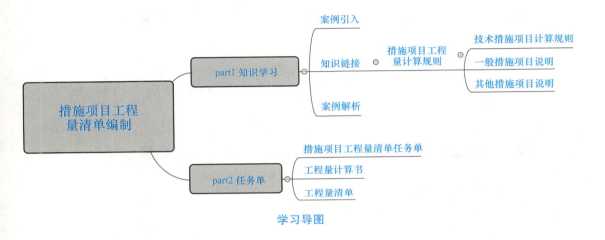

学习导图

Part1　知识学习

❖ **案例引入**

【案例】　某工程现浇框架结构，其二层结构平面图如图1-3-1所示，已知设计室内地坪标高为±0.000 m，柱基顶面标高为0.900 m，楼面结构标高为6.500 m，柱、梁、板均采用C20现浇混凝土，板厚度为120 mm，采用复合模板。试编制柱、梁、板的混凝土模板措施项目的工程量清单。

【分析】
1. 梁、板、柱混凝土模板措施项目工程量清单都包含哪些工作内容？如何编制？
2. 工程量如何计算？

❖ **知识链接**

技术措施费计算规则

1. 脚手架(011701)

(1)综合脚手架：按设计图示尺寸以建筑面积计算。

(2)单项脚手架：

①外脚手架、整体提升架按外墙外边线长度(含墙垛及附墙井道)乘以外墙高度以面积计算。

②里脚手架按墙面垂直投影面积计算。

③计算内、外墙脚手架时，均不扣除门、窗、洞口、空圈等所占面积。同一建筑物高度不同时，应按不同高度分别计算。

81

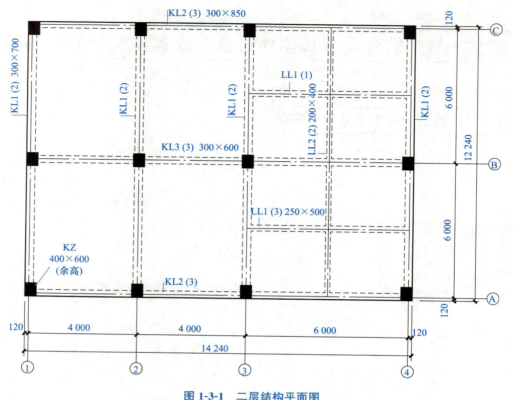

图 1-3-1 二层结构平面图

④独立柱按设计图示尺寸,以结构外围周长另加 3.6 m 乘以高度以面积计算。

⑤现浇钢筋混凝土梁按梁顶面至地面(或楼面)之间的高度乘以梁净长以面积计算。

⑥满堂脚手架按室内净面积计算,其高度在 3.6~5.2 m 时计算基本层,5.2 m 以外,每增加 1.2 m 计算一个增加层,不足 0.6 m 按一个增加层乘以系数 0.5 计算。其计算公式为

$$满堂脚手架增加层=(室内净高-5.2)/1.2$$

⑦挑脚手架按搭设长度乘以层数以长度计算。

⑧悬空脚手架按搭设水平投影面积计算。

⑨吊篮脚手架按外墙垂直投影面积计算,不扣除门窗洞口所占面积。

⑩内墙面装饰脚手架按内墙面垂直投影面积计算,不扣除门窗洞口所占面积。

⑪立挂式安全网按架网部分的实挂长度乘以实挂高度以面积计算。

⑫挑出式安全网按挑出的水平投影面积计算。

⑬大型设备基础脚手架,按其外形周长乘以垫底底面至外形顶面之间高度,以面积计算。

⑭围墙脚手架,按其高度乘以围墙中心线,以面积计算,高度是指室外设计地坪至围墙顶。不扣除围墙门所占的面积,但独立门柱砌筑用的脚手架也不增加。

(3)其他脚手架:

①电梯井架按单孔以座计算。

②水平防护架,按实际铺板的水平投影面积计算。

③垂直防护架，按设计室外地坪至最上一层横杆之间的搭设高度，乘以实际搭设长度，以面积计算。

④卷扬机架，按其高度以座计算，定额是按高度在10 m以内为准，超过10 m时，按增高项目计算。

⑤架空运输脚手架，按搭设长度以延长米计算。

⑥斜道，按不同高度以座计算。

⑦建筑物垂直封闭工程量按封闭面的垂直投影面积计算。

⑧烟囱脚手架按不同高度以座计算，其高度以设计室外地坪至烟囱顶部的高度为准。

⑨水塔脚手架按相应烟囱脚手架以座计算。

2. 模板(011702)

（1）现浇混凝土构件模板。

①现浇混凝土构件模板，除另有规定者外，均按模板与混凝土的接触面面积(不扣除后浇带所占面积)计算。

②现浇钢筋混凝土柱、梁、板、墙的支模高度是指设计室内地坪至板底、梁底或板面至板底、梁底之间的高度，以3.6 m以内为准。超过3.6 m部分模板超高支撑费用，按超过部分模板面积，套用相应定额乘以1.2的n次方(n为超过3.6 m后每超过1 m的次数，若超过高度不足1.0 m时，舍去不计)。支模高度超过8 m时，按施工方案另行计算。

以柱为例，支撑高度超过3.6 m工程量为(柱高－3.6)×边长之和，套用相应定额乘以的系数为：

当3.6 m≤柱高<4.6 m时，$n=0$，超过高度不足1.0 m时，舍去不计；

当4.6 m≤柱高<5.6 m时，$n=1$，套用相应定额乘以系数1.2；

当5.6 m≤柱高<6.6 m时，$n=2$，套用相应定额乘以系数1.44；

当6.6 m≤柱高<7.6 m时，$n=3$，套用相应定额乘以系数1.728；

当7.6 m≤柱高<8 m时，$n=4$，套用相应定额乘以系数2.704。

③基础。

a. 有肋式带形基础，肋高(指基础扩大顶面至梁顶面的高)≤1.2 m时，合并计算；＞1.2 m时，基础底板模板按无肋带形基础项目计算，扩大顶面以上部分模板按混凝土墙项目计算。

b. 独立基础：高度从垫层上表面计算到柱基上表面。

c. 满堂基础：无梁式满堂基础有扩大或角锥形柱墩时，并入无梁式满堂基础内计算。有梁式满堂基础梁高(从板面或板底计算，梁高不含板厚)≤1.2 m时，基础和梁合并计算；＞1.2 m时，底板按无梁式满堂基础模板项目计算，梁按混凝土墙模板项目计算。箱式满堂基础应分别按无梁式满堂基础、柱、墙、梁、板的有关规定计算。地下室底板按无梁式满堂基础模板项目计算。

d. 设备基础：块体设备基础按不同体积，分别计算模板工程量。框架设备基础应分别按基础、柱及墙的相应项目计算；楼层面上的设备基础并入梁、板项目计算，如在同一设备基础中部分为块体，部分为框架时，应分别计算。框架设备基础的柱模板高度应由底板或柱基的上表面算至板的下表面；梁的长度按净长计算，梁的悬臂部分应并入梁内计算。

e. 设备基础地脚螺栓套孔以不同深度以数量计算。

④构造柱均应按图示外露部分计算模板面积。带马牙槎构造柱的宽度按马牙槎最宽处计算。

⑤现浇混凝土墙、板上单孔面积在 0.3 m² 以内的孔洞，不予扣除，洞侧壁模板也不增加；单孔面积在 0.3 m² 以外的孔洞，应予扣除，洞侧壁模板面积并入墙、板模板工程量以内计算。

对拉螺栓堵眼增加费按实际发生部位的墙面、柱面、梁面模板接触面计算工程量。

⑥现浇混凝土框架分别按柱、梁、板有关规定计算；附墙柱凸出墙面部分按柱工程量计算；暗梁、暗柱并入墙内工程量计算。

⑦挑檐、天沟与板（包括屋面板、楼板）连接时，以外墙外边线为分界线；与梁（包括圈梁等）连接时，以梁外边线为分界线；外墙外边线以外或梁外边线以外为挑檐、天沟。

⑧现浇混凝土悬挑板、雨篷、阳台按图示外挑部分尺寸的水平投影面积计算。挑出墙外的悬臂梁及板边不另计算。

⑨现浇混凝土楼梯（包括休息平台、平台梁、斜梁和楼层板连接的梁），按设计图示尺寸以水平投影面积计算，如两跑以上楼梯水平投影有重叠部分，重叠部分单独计算水平投影面积。不扣除宽度≤500 mm 楼梯井所占面积，楼梯的踏步、踏步板、平台梁等侧面模板不另行计算，伸入墙内部分也不增加。当整体楼梯与现浇楼板无梯梁连接时，以楼梯的最后一个踏步边缘加 300 mm 为界。

⑩混凝土台阶不包括梯带，按图示台阶尺寸的水平投影面积计算。台阶与平台连接时，其投影面积应以最上层踏步外沿加 300 mm 计算。台阶端头两侧不另计算模板面积；架空式混凝土台阶按现浇楼梯计算；场馆看台按设计图示尺寸，以水平投影面积计算。

⑪凸出的线条模板增加费，以凸出棱线的道数分别按长度计算。

⑫后浇带模板按与混凝土的接触面积计算。

(2)现场预制混凝土构件模板。预制混凝土模板按模板与混凝土的接触面面积计算，地模不计算接触面面积。

(3)构筑物混凝土模板。

①贮水（油）池、贮仓、水塔按模板与混凝土构件的接触面面积计算。

②大型池槽等分别按基础、柱、墙、梁等有关规定计算。

③液压滑升钢模板施工的烟筒、水塔塔身、筒仓等，均按混凝土体积计算。

3. 垂直运输(011703)

(1)建筑费垂直运输机械费，区分不同建筑物结构及檐高按建筑面积计算。地下室建筑面积与地上建筑面积分别计算。地下室项目，按全现浇结构 30 m 内相应项目的 80% 计算，地上部分套用相应高度的定额项目。

(2)本章按泵送混凝土考虑，如采用非泵送，垂直运输费按以下方法增加：相应项目乘以非泵送混凝土数量占全部混凝土数量的百分比，再乘以调整系数 10%。

4. 构筑物超高增加费(011704)

建筑物超高增加费按建筑物的建筑面积计算，均不包括地下室部分。

5. 大型机械设备进出场及安拆(011705)

(1)大型机械设备安拆费按台次计算。

(2)大型机械设备进出场费按台次计算。

6. 施工排水、降水(011706)

(1)轻型井点、喷射井点排水的井管安装、拆除以根为单位计算,使用以套/天计算;真空深井、直流深井排水的安装拆除以每口井计算,使用以每口井/天计算。

(2)使用天数以每昼夜(24 h)为一天,并按确定的施工组织设计要求的使用天数计算。

(3)集水井按设计图示数量以座计算,大口井按累计井深以长度计算。

7. 临时设施项目(011707)

(1)地面硬覆盖,按覆盖面积乘以覆盖厚度以体积计算。

(2)现场整体临时围挡,按安装垂直投影以面积计算。

(3)分解计算的临时围挡及临时大门,钢结构柱、支撑部分按整体用钢量以质量计算;砖柱部分按砌筑量以体积计算;围挡面板、门扇按垂直投影以面积计算。

(4)临时建筑按安装尺寸以建筑面积计算。

(5)临时管线,按敷设长度以延长米计算;临时配电箱以台计算。

一般措施项目说明如下:

一般措施项目费用是指工程定额中规定的措施项目中不包括的且不可计量的,为完成工程项目施工,发生于该工程施工前和施工过程中非工程实体项目的费用,一般工程均有发生。

1. 安全施工费

安全施工费是指施工现场安全施工所需要的各项费用。

2. 环境保护和文明施工费

环境保护和文明施工费是指施工现场文明施工所需要的各项费用和为达到环保部门要求所需要的各项费用。

3. 雨期施工费

雨期施工费是指在雨期施工需增加的临时设施、防滑、排除雨水,人工及施工机械效率降低等费用。

其他措施项目说明如下:

其他措施项目费用是指工程定额中规定的措施项目中不包括的且不可计量的,为完成工程项目施工,发生于该工程施工前和施工过程中非工程实体项目的费用,仅特定工程或特殊条件下发生的。

1. 夜间施工增加费

夜间施工增加费是指因夜间施工所发生的夜班补助费、夜间施工降效、夜间施工照明设备摊销及照明用电等费用。

2. 二次搬运费

二次搬运费是指因施工场地条件限制而发生的材料、构配件、半成品等一次运输不能到达堆放地点,必须进行二次或多次搬运所发生的费用。

3. 冬期施工措施费

冬期施工措施费是指在冬季(连续三天气温在 5 ℃以下环境)施工需增加的临时设施、防滑、除雪、人工及施工机械效率降低等费用。

(1)暖棚搭设：分暖棚墙体搭设与棚顶搭设，按实际搭设暖棚墙与棚顶的外表面积以 100 m² 为计算单位计算。

(2)混凝土外加剂：根据确定的施工方案，混凝土需要加入的外加剂种类，实际温度，执行相应定额项目，按每平方米混凝土为计量单位计算。

(3)供热系统安装与拆除：临时锅炉、暖风机安装与拆除费用以套为计量单位，其设备价值分 5 次摊销另计；供热管道、光排管散热器以 10 m 为计量单位。

(4)供热设施费：按暖棚搭设的底面积，以 100 d 为计量单位计算。

(5)照明设施安装与拆除：按暖棚搭设的底面积，以 100 m² 为计量单位计算。

(6)人工、机械降效：按冬期施工实际完成的工程量的人工和机械费分别乘以相应的降效系数计算。

4. 已完工程及设备保护费

已完工程及设备保护费是指竣工验收前，对已完工程及设备采取的必要保护措施所发生的费用。

5. 市政工程施工干扰费

市政工程施工干扰费是指市政工程施工中发生的边施工边维护交通及车辆、行人干扰等所发生的防护和保护措施费。

❖ 案例解析

【解析】根据案例已知条件，结合模板工程量计算规则，编写工程量清单如下：

工程量计算书

工程名称：模板工程　　　　　标段：　　　　　　　第　页共　页

序号	项目名称（构件部位）	计算过程	单位	工程数量
1	现浇框架柱模板	按模板与混凝土的接触面面积计算： 工程量＝柱模板高×柱周长×柱根数＝(6.5＋0.9－0.12)×(0.4＋0.6)×2×12＝174.72(m²)	m²	174.72
2	现浇框架梁、连系梁模板	按模板与混凝土的接触面面积计算： 工程量＝KL1、KL2、KL3、LL1、LL2 混凝土与模板接触面面积之和＝(12.24－0.6×3)×[0.3×4＋0.7×2＋(0.72－0.12)×6](KL1)＋(14.24－0.4×4)×[0.3×2＋0.85×2＋(0.85－0.12)×2](KL2)＋(14.24－0.4×4)×(0.3＋0.6×2－0.12×2)(KL3)＋(6－0.18－0.15)×(0.25＋0.5×2－0.12×2)×2(LL1)＋(6－0.18－0.15)×(0.2＋0.4×2－0.12×2)×2(LL2)＝147.87(m²)	m²	147.87
3	现浇楼板模板	按模板与混凝土的接触面面积计算： 工程量＝①～③轴线板底净面积＋③～④轴线板底净面积＝(8－0.18－0.3－0.15)×(12－0.18×2－0.3)(①～③)＋(6－0.18－0.15)×(12－0.18×2－0.3－0.25×2)(③～④)＝145.04(m²)	m²	145.04

分部分项工程工程量清单表

工程名称：模板工程　　　　　　　　　　标段：　　　　　　　　　　第　页共　页

序号	项目编码	项目名称	项目特征描述	计量单位	工程数量
1	011702002002	现浇框架柱模板	1. 矩形柱截面：400 mm×600 mm； 2. 模板类型：复合模板	m^2	174.72
2	011702006002	现浇框架梁、连系梁模板	1. 矩形梁截面： KL1：300 mm×700 mm； KL2：300 mm×850 mm； KL3：300 mm×600 mm； LL1：250 mm×500 mm； LL2：200 mm×400 mm； 2. 模板类型：复合模板	m^2	147.87
3	011702016002	现浇楼板模板	1. 120 mm厚现浇混凝土平板； 2. 模板类型：复合模板	m^2	145.04

Part2　任务单

任务单：编制措施项目工程量清单

编制措施项目工程量清单任务单	
任务完成环境	根据《曙光新苑结构施工图纸》要求，完成曙光新苑工程的措施项目工程量计算。 1. 场地：教室。 2. 工具：计算器、图纸。 3. 工具书：①《建筑与装饰工程计量与计价》教材。 　　　　　②2017年辽宁省《房屋建筑与装饰工程定额》。 　　　　　③《建筑预算手册》。 4. 材料：工程量计算书、建筑工程量清单表
任务完成时间	3 h
任务完成结果	1. 编写措施项目工程量计算书； 2. 编制措施项目工程量清单
任务要求	1. 工程量计算时要按清单规定的计算规则、项目、单位进行； 2. 严格按照施工图纸计算，并按一定的顺序认真识图、审图，防止重算、漏算，确保数据准确、项目齐全； 3. 工程量清单编制：项目编码、项目特征、编写要完整，内容齐全
任务重点	1. 工程量计算准确； 2. 工程量清单编制完整
任务反馈	

1.3.2 其他项目清单编制

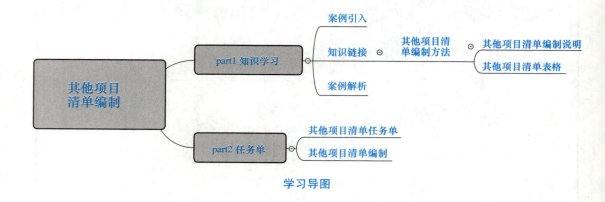

学习导图

Part1 知识学习

❖ 案例引入

【案例】 我省某沿海城市某建设工程项目采用公开招标形式招标,其招标工程量清单某章节包括如下内容:

(1)安装玻璃幕墙工程的指定分包暂定造价为 1 500 000.00 元,总包服务费按 4% 记取。

(2)对外国土建工程的指定分包暂定造价为 500 000.00 元,总包服务费按 2% 记取。

(3)暂列金额为人民币 1 500 000.00 元。

【分析】
1. 该项目招标工程量清单中其他项目清单都包含哪些内容?
2. 如何编制该项目的其他项目清单?

❖ 知识链接

其他项目清单的编制方法如下。

1. 清单编制说明

(1)其他项目清单通常按下列内容列项:暂列金额;暂估价(包括材料暂估单价、专业工程暂估价);计日工;总承包服务费。

①暂列金额。暂列金额是指招标人在工程量清单中暂定并包括在合同价款中的一笔款项,用于施工合同签订时尚未确定或不可预见的所需材料、设备、服务的采购,施工中可能发生的工程变更、合同约定调整因素出现时的工程价款调整及发生的索赔、现场签证确认等的费用。

为保证工程施工建设的顺利实施,应对施工过程中可能出现的各种不确定因素对工程造价的影响,在招标控制价中需估算一笔暂列金额。暂列金额可根据工程的复杂程度、设计深度、工程环境条件(包括地质、水文、气候条件等)进行估算,一般可按分部分项工程费的 10%~15% 作为参考。

②暂估价。暂估价是指招标阶段直至签订合同协议时，招标人在招标文件中提供的用于支付必然要发生但暂时不能确定价格的材料，以及需另行发包的专业工程金额。招标人针对每一类暂估价给出相应的拟用项目。

③计日工。计日工是指在施工过程中完成发包人提出的施工图纸以外的零星项目或工作，按合同约定的计日工综合单价计价。招标人在其他项目清单中列出相应的项目，并根据经验估算数量。

④总承包服务费。总承包服务费是指在工程建设的施工阶段实行施工总承包时，为了解决招标人在法律、法规允许的条件下进行专业工程发包及自行采购供应材料、设备时，要求总承包人对发包的专业工程提供协调和配合服务（如分包人使用总包人的脚手架、水电等）；对供应的材料、设备提供收、发和保管服务及对施工现场进行统一管理；对竣工资料进行统一汇总整理等发生并向总承包人支付的费用。招标人应当预计该项费用并按投标人的投标报价向投标人支付该项费用。

(2)若出现上述未列出的项目，可根据工程的具体情况进行补充。

2. 清单表格

其他项目清单表格见表 1-3-1～表 1-3-6。

表 1-3-1　其他项目清单

工程名称：××工程　　　　　　　　　　标段：　　　　　　　　　　　第　页共　页

序号	项目名称	金额/元	备注
1	暂列金额		
2	暂估价		
2.1	材料暂估价		
2.2	专业工程暂估价		
3	计日工		
4	总承包服务费		
	合计		

表 1-3-2　暂列金额明细表

工程名称：××工程　　　　　　　　　　标段：　　　　　　　　　　　第　页共　页

序号	项目名称	计量单位	暂定金额/元	备注
1		项		
2		项		
3		项		
4				
	合计			—

注：此表由招标人填写，如不能详列，也可只列暂定金额总额，投标人应将上述暂列金额计入投标总价中。

表 1-3-3　材料(工程设备)暂估价表

工程名称：××工程　　　　　　　　　　标段：　　　　　　　　　　第1页　共1页

序号	材料(工程设备)名称、规格、型号	计量单位	单价/元	数量		暂估/元		确认/元		差额±/元		备注
				暂估	确认	单价	合价	单价	合价	单价	合价	
	合计											

注：1. 此表由招标人填写，并在备注栏说明暂估价的材料拟用在那些清单项目上，投标人应将上述材料暂估单价计入工程量清单综合单价报价中。
　　2. 材料包括原材料、燃料、构配件以及按规定应计入建筑安装工程造价的设备。

表 1-3-4　专业工程暂估价表

工程名称：××工程　　　　　　　　　　标段：　　　　　　　　　　第1页　共1页

序号	工程名称	工程内容	暂估金额/元	结算金额/元	差额±/元	备注
		小计				

注：此表由招标人填写，投标人应将上述专业工程暂估价计入投标总价中。

表 1-3-5　计日工表

工程名称：××工程　　　　　　　　　　　　标段：　　　　　　　　　　第　页共　页

编号	项目名称	单位	暂定数量	综合单价/元	合价/元	
					暂定	实际
一	人工					
1	普工	工日				
2	技工(综合)	工日				
3						
	人工小计					
二	材料					
1						
2						
3						
4						
5						
	材料小计					
三	施工机械					
1		台班				
2		台班				
	施工机械小计					
	总计					

注：此表项目名称、数量由招标人填写，编制招标控制价时，单价由招标人按有关计价规定确定；投标时，单价由投标人自主报价，计入投标总价中。

表 1-3-6 总承包服务费计价表

工程名称：××工程　　　　　　　　　　标段：　　　　　　　　　　　　第　页共　页

序号	项目名称	项目价值/元	服务内容	计算基础	费率/%	金额/元
1	发包人发包专业工程					
	发包人提供材料					
	合计					

❖ 案例解析

【解析】 根据案例已知条件，结合其他项目清单内容，编写该项目其他项目清单如下：

其他项目清单

工程名称：××工程　　　　　　　　　标段：　　　　　　　　　　　第　页共　页

序号	项目名称	金额/元	备注
1	暂列金额	1 500 000.00	
2	暂估价	2 000 000.00	
2.1	材料暂估价		
2.2	专业工程暂估价	2 000 000.00	玻璃幕墙专业分包暂定造价(1 500 000元)+外围土建工程分包暂定造价(500 000元)=2 000 000.00元
3	计日工	—	
4	总承包服务费	70 000.00	1 500 000×4%(安装玻璃幕墙承包服务费)+500 000×2%(外围土建工程承包服务费)=70 000.00元
	合计	3 570 000.00	

Part2　任务单

任务单：编制其他项目清单

<table>
<tr><td colspan="2" align="center">编制其他项目清单任务单</td></tr>
<tr><td>任务完成环境</td><td>某工程纵横墙基均采用同一断面的带形基础，基础总长度为160 m。基础上部为370 mm实心砖。混凝土现场制作，强度等级：基础垫层C10，带形基础及其他构件均为C20。分部分项工程量清单略。招标人其他项目清单中明确暂列金额350 00元。自供钢材预计2 500 00元。自行分包工程约为450 000元，总包服务费可按3.5%计取。
1. 场地：教室。
2. 工具：白纸本、圆珠笔。
3. 工具书：①《建筑与装饰工程计量与计价》教材。
　　　　　②《建筑预算手册》。
4. 材料：其他项目清单表</td></tr>
<tr><td>任务完成时间</td><td>20 min</td></tr>
<tr><td>任务完成结果</td><td>编制其他项目清单</td></tr>
<tr><td>任务要求</td><td>1. 严格按照任务所提供内容及数据进行编制和计算，防止重算、漏算，确保数据准确、项目齐全；
2. 其他项目清单编制：项目序号、项目名称编写要完整，内容齐全</td></tr>
<tr><td>任务重点</td><td>1. 其他项目列项准确；
2. 清单编制完整</td></tr>
<tr><td>任务反馈</td><td></td></tr>
</table>

1.3.3　规费和税金清单编制

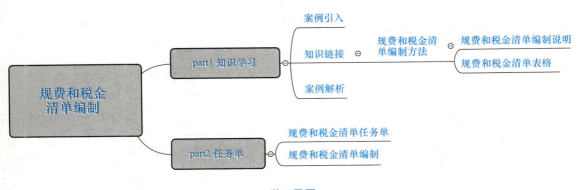

学习导图

Part1　知识学习

❖ 案例引入

> 【案例】　我省某沿海城市某建设工程项目为框架结构，采用混凝土独立基础，建筑层数为三层，建筑面积为637.64 m²，计划工期为120日历天，该项目采用工程量清单招标，在招标文件中，出现规费项目计价表，那么规费包括哪些项目呢？
>
> 【分析】
> 规费和税金项目计价表都包含哪些内容？

❖ 知识链接

规费和税金清单编制方法如下：

1. 清单编制说明

(1)规费。规费是按国家法律、法规规定，由政府和有关权力部门规定必须缴纳或计取的费用。规费清单按以下内容列项：

①社会保险费。

　a. 养老保险费：是指企业按照规定标准为职工缴纳的基本养老保险费。

　b. 失业保险费：是指企业按照规定标准为职工缴纳的失业保险费。

　c. 医疗保险费：是指企业按照规定标准为职工缴纳的基本医疗保险费。

　d. 生育保险费：是指企业按照规定标准为职工缴纳的生育保险费。

　e. 工伤保险费：是指企业按照规定标准为职工缴纳的工伤保险费。

②住房公积金：是指企业按规定标准为职工缴纳的住房公积金。

③工程排污费：是指按规定缴纳的施工现场工程排污费。

④其他应列而未列入的规费，按实际发生计取。

(2)税金。税金是国家税法规定的应计入建筑安装工程造价内的增值税销项税额。

2. 清单表格

规费、税金项目计价表见表1-3-7。

表 1-3-7　规费、税金项目计价表

工程名称：××工程　　　　　　　　　　　标段：　　　　　　　　　　　　　　　第　页　共　页

序号	项目名称	计算基础	计算基数	计算费率(%)	金额(元)
1	规费				
1.1	社会保障费	人工费＋机械费			
1.2	住房公积金	人工费＋机械费			
1.3	工程排污费				
1.4	其他				
1.5	工伤保险				
2	税金	税费前工程造价合计			

❖ **案例解析**

【解析】 规费清单计价表包括社会保险费、住房公积金、工程排污费和其他。税金是指建筑工程造价增值税。

Part2　任务单

任务单：编制规费和税金清单

编制规费和税金清单任务单	
任务完成环境	根据《曙光新苑结构施工图纸》要求，完成曙光新苑工程的规费和税金计算。 1. 场地：教室。 2. 工具：计算器、图纸。 3. 工具书：①《建筑与装饰工程计量与计价》教材。 　　　　　②2017年辽宁省《房屋建筑与装饰工程定额》。 　　　　　③《建筑预算手册》。 　　　　　④2017年辽宁省计价定额依据等。 4. 材料：规费和税金清单表
任务完成时间	20 min
任务完成结果	编制规费和税金清单
任务要求	1. 按计算依据规定的规则、项目、单位进行； 2. 严格按照施工图纸计算，并按一定的顺序认真识图、审图，防止重算、漏算，确保数据准确、项目齐全； 3. 工程量清单编制：项目序号、项目内容编写要完整，内容齐全
任务重点	1. 按照取费基数及基数准确计算； 2. 清单编制完整
任务反馈	

模块 2　投标报价的确定

模块描述

工程量清单计价是工程计价工作中很重要的一项内容，是工程计价的一种方法。本模块以编制曙光新苑项目清单计价为主线，从总体到局部介绍工程量清单计价表格和编制方法。其主要内容为投标人依据 2017 年辽宁省《房屋建筑与装饰工程定额》《建筑工程费用标准》等资料计算各分项工程综合单价并编制工程量清单计价表。

学习目标

※ 知识目标

1. 掌握工程量清单计价表格的组成；
2. 掌握工程量清单计价表格的使用规定；
3. 熟悉工程量清单计价表格的一般规定；
4. 掌握综合单价的组成及其确定方法；
5. 掌握投标报价的程序及其计算方法。

※ 能力目标

1. 能够正确地进行分部分项工程量的综合单价分析；
2. 能够根据招标人提供的工程量清单编制出工程的投标报价；
3. 能够举一反三，从案例中吸取经验和教训，运用到其他工程实例中。

※ 素质目标

1. 通过学习建筑工程费用的计取，培养领会工程造价有关文件与政策的意识；
2. 通过讲解建筑工程计价的过程，培养诚信意识、科学严谨的学习态度，培养预算调整与沟通能力；
3. 做到知法守法，提升社会责任感。

项目 2.1　综合单价的确定

2.1.1　人工、材料、机械单价的确定

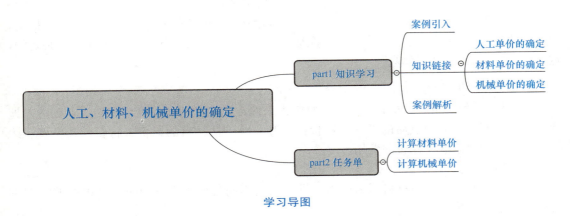

学习导图

Part1　知识学习

❖ 案例引入

【案例】　工地上使用直径为 20 mm 的 HRB400 级钢筋由甲、乙方供货，甲、乙方的原价分别为 3 830 元/t、3 810 元/t，甲、乙方的运杂费分别为 31.50 元/t、33.50 元/t，甲、乙方的供应量分别为 400 t、800 t，材料的运输损耗率为 1.5%，采购保管费费率为 2.5%。这种钢筋的材料预算单价是多少？

【分析】
1. 材料预算单价的组成包括哪些？
2. 材料预算单价如何计算？

❖ 知识链接

1. **人工单价的确定**

人工工资单价是指一个建筑安装生产工人一个工作日在计价时应计入的全部人工费用。

(1) 人工单价构成。

①基本工资。基本工资由岗位工资、技能工资、工龄工资等方面组成。

②工资性补贴。工资性补贴是指物价补贴、煤燃气补贴、交通补贴、住房补贴、流动施工补贴等。

③辅助工资。辅助工资是指非作业工日发放的工资和工资性补贴。如外出学习期间的

工资、休年假期间的工作、女职工哺乳期间的工资等。

④职工福利费。职工福利费是指书报费、洗理费、取暖费等。

⑤劳动保护费。劳工保护费是指劳工用品购置费及修理费、徒工服装补贴、防暑降温费、保健费用等。

(2)人工单价的确定。我国建筑业现行的工资制度规定，建筑工人工资为七级，安装工人工资为八级。人工单价均采用综合人工单价的形式，即

$$人工单价 = \frac{月基本工资 + 月工资性补贴 + 月辅助工资 + 其他费用}{月平均工作天数}$$

随着建筑计价制度的改革，人工工资也开始转变为由政府宏观调控，企业自主报价，市场竞争形成价格。因此，及时了解市场人工成本行情，了解市场人工单价变动是必要的，这样才能确定合理的人工单价。

2. 材料单价的确定

(1)材料单价的组成。材料单价是指材料由来源地或交货地点，经中间转运，到达工地仓库或施工现场堆放地点后的平均出库价格。其一般包括材料的原价、材料的运杂费、运动损耗费、材料采购及保管的费用。

(2)材料单价的确定。

①材料的原价。同种材料因为产地、供应渠道不同会出现几种原价，可以按照加权平均法计算平均原价：

$$加权平均材料原价 = \frac{\sum (材料原价 \times 材料数量)}{\sum 材料数量}$$

②材料运杂费。运杂费是指材料由来源地(或交货地)运到工地仓库(或存放地点)的全部运输过程中所发生的运输费和杂费。

$$加权平均运杂费 = \frac{\sum (不同供应地材料的供应量 \times 各个运费)}{\sum 不同供应地材料的供应量}$$

其中，若材料的包装费已经计入材料原价中，则不需再计算。若材料原价中未包含包装费，如需要包装，要并入到材料价格中。

③运输损耗费，在材料运输中应考虑一定的场外运输损耗费用。这指的是运输装卸过程中不可避免的损耗。

$$运输损耗费 = (材料原价 + 运杂费) \times 材料运输损耗率$$

④采购及保管费。采购及保管费是材料供应部门在组织采购、供应和保管材料过程中所需的各种费用。

$$采购及保管费 = (材料原价 + 运杂费 + 运输损耗费) \times 采购及保管费费率$$

综上所述，材料的单价的计算公式如下：

$$材料单价 = 加权平均原价 + 运杂费 + 运输损耗费 + 采购及保管费$$
$$= (材料平均原价 + 运杂费) \times (1 + 运输损耗率) \times (1 + 采购及保管费费率)$$

3. 机械单价的确定

(1)机械台班单价的构成。机械台班单价有两大类组成：第一类是不变费用，有折旧费、检修费、维护费、安拆费和场外运输费；第二类是可变费用，有人工费、燃料动力费、其他费用。

(2)机械台班单价的确定。

①折旧费:是指施工机械在规定的使用年限内,陆续收回其原值及购置资金的时间价值。其计算公式为

$$台班折旧费=\frac{机械预算价格\times(1-残值率)}{耐用总台班}$$

其中,残值率是指施工机械报废时回收的残余价值占机械原值的比率。各类施工机械的残值率总和确定如下:运输机械2%,特、大型机械3%,中、小型机械4%。

耐用总台班是指机械在正常施工作业条件下,从投入使用起到报废止,规定应达到的使用总台班。其计算公式为

$$耐用总台班=大修间隔台班\times大修周期$$
$$大修周期=大修次数+1$$

②检修费。

$$台班大修理费=\frac{一次检修费\times检修次数}{耐用总台班}$$

③维护费。台班维护费是指施工机械除大修理以外的各级保养和临时故障排除所需的费用。其包括为保障机械正常运转所需替换设备与随机配备工具附具的摊销和维护费用,机械运转中日常保养所需润滑与擦拭的材料费用及机械停滞期间的维护和保养费用等。

④安拆费及场外运输费:安拆费是指施工机械在现场进行安装与拆卸所需的人工、材料、机械和试运转费用及机械辅助设施的折旧、搭设、拆除等费用;场外运输费是指施工机械整体或分体自停放地点运至施工现场或由一施工地点运至另一施工地点的运输、装卸、辅助材料及架线等费用(计价定额中已列安拆和场外运输项目的除外)。其计算公式为

$$台班安拆费及场外运费=\frac{一次安拆费及场外运费\times年平均安拆次数}{年工作台班}$$

⑤人工费。人工费是指机上司机(司炉)和其他操作人员的工资。

⑥燃料动力费。燃料动力费是指施工机械在运转作业中所消耗的固体燃料(煤、木柴)、液体燃料(汽油、柴油)及水、电等费用。其计算公式为

$$台班燃料动力费=燃料动力消耗量\times燃料动力单价$$

⑦其他费用,包括年车船税、年保险费、年检测费等。

❖ 案例解析

【解析】 $原价=\frac{3\,830\times400+3\,810\times800}{400+800}=3\,816.67(元/t)$

$运杂费=\frac{31.5\times400+33.5\times800}{400+800}=32.83(元/t)$

$运输损耗费=(3\,816.67+32.83)\times1.5\%=57.74(元/t)$

$采购及保管费=(3\,816.67+32.83+57.74)\times2.5\%=97.68(元/t)$

$材料的预算单价=3\,816.67+32.83+57.74+97.68=4\,004.92(元/t)$

Part2 任务单

任务单一：计算曙光新苑工程使用的乳胶漆的预算价格

编制材料预算价格任务单	
任务完成环境	根据《曙光新苑建筑施工图纸》要求，曙光新苑工程墙体刷乳胶漆，乳胶漆用铁桶包装，每桶 10 kg，铁桶单价 6 元/个，回收率：95%，残值率：50%，在甲、乙两地购买，分别购买 1 100 kg、1 300 kg。价格分别为 10.30 元/kg、10.25 元/kg。运杂费分别为 0.35 元/kg、0.41 元/kg，运输损耗为 0.15%，采购及保管费的费率为 2.5%。 1. 场地：教室。 2. 工具：计算器、图纸。 3. 工具书：《建筑与装饰工程计量与计价》教材
任务完成时间	20 min
任务完成结果	1. 计算乳胶漆的出厂价、运杂费、包装费、运输损耗费、采购及保管的费用； 2. 计算乳胶漆预算单价
任务要求	1. 使用加权平均法计算出厂价和运杂费； 2. 计算准确
任务反馈	

任务单二：计算曙光新苑工程使用的灰浆搅拌机机械预算价格

编制机械预算价格任务单	
任务完成环境	根据《曙光新苑建筑施工图纸》要求，曙光新苑工程使用灰浆搅拌机 400 L，以 2 500 元的价格购买，残值率为 4%，耐用总台班为 900 台班，台班检修费为 0.49 元/台班，日常维护为 1.97 元/台班，安拆和场外运费为 10.62 元/台班，人工费为 200 元/工日，电费为 15 元/台班。 1. 场地：教室。 2. 工具：计算器、图纸。 3. 工具书：《建筑与装饰工程计量与计价》教材
任务完成时间	20 min
任务完成结果	1. 计算灰浆搅拌机台班折旧费； 2. 计算灰浆搅拌机台班单价
任务要求	计算准确
任务反馈	

2.1.2 管理费和利润的确定

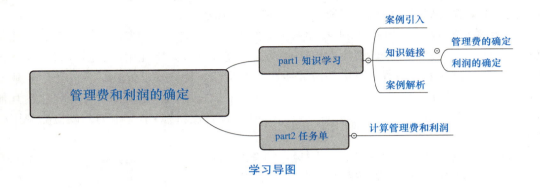

学习导图

Part1 知识学习

❖ 案例引入

【案例】 某工程的分部分项项目费及技术措施费为320万元,其中,人工费和机械费为90万元,则企业管理费是多少?预计利润是多少?

【分析】
1. 企业管理费包含哪些费用?
2. 企业管理费的计算方法是什么?
3. 利润的计算方法是什么?

❖ 知识链接

1. 企业管理费

企业管理费是指建筑安装企业组织施工生产和经营管理所需的费用。企业管理费的内容包括:

(1)管理人员工资:是指按规定支付给管理人员的计时工资、奖金、津贴补贴、加班加点工资及特殊情况下支付的工资等。

(2)办公费:是指企业管理办公用的文具、纸张、账表、印刷、邮电、书报、办公软件、现场监控、会议、水电、烧水和集体取暖降温(包括现场临时宿舍取暖降温)等费用。

(3)差旅交通费:是指职工因公出差、调动工作的差旅费、住勤补助费、市内交通费和误餐补助费,职工探亲路费,劳动力招募费,职工退休、退职一次性路费,工伤人员就医路费,工地转移费及管理部门使用的交通工具的油料、燃料等费用。

(4)固定资产使用费:是指管理和试验部门及附属生产单位使用的属于固定资产的房屋、设备、仪器等的折旧、大修、维修或租赁费。

(5)工具用具使用费:是指企业施工生产和管理使用的不属于固定资产的工具、器具、家具、交通工具和检验、试验、测绘、消防用具等的购置、维修和摊销费。

(6)劳动保险和职工福利费：是指由企业支付的职工退职金、按规定支付给离休干部的经费，集体福利费、夏季防暑降温、冬季取暖补贴、上下班交通补贴等。

(7)劳动保护费：是企业按规定发放的劳动保护用品的支出。例如，工作服、手套、防暑降温饮料及在有碍身体健康的环境中施工的保健费用等。

(8)检验试验费：是指施工企业按照有关标准规定，对建筑及材料、构件和建筑安装物进行一般鉴定、检查所发生的费用，包括自设试验室进行试验所耗用的材料等费用。不包括新结构、新材料的试验费，对构件做破坏性试验及其他特殊要求检验试验的费用和建设单位委托检测机构进行检测的费用，对此类检测发生的费用，由建设单位在工程建设其他费用中列支。但对施工企业提供的具有合格证明的材料进行检测不合格的，该检测费用由施工企业支付。

(9)工会经费：是指企业按《工会法》规定的全部职工工资总额比例计提的工会经费。

(10)职工教育经费：是指按职工工资总额的规定比例计提，企业为职工进行专业技术和职业技能培训，专业技术人员继续教育、职工职业技能鉴定、职业资格认定，以及根据需要对职工进行各类文化教育所发生的费用。

(11)财产保险费：是指施工管理用财产、车辆等的保险费用。

(12)财务费：是指企业为施工生产筹集资金或提供预付款担保、履约担保、职工工资支付担保等所发生的各种费用。

(13)税金：是指企业按规定缴纳的房产税、车船使用税、土地使用税、印花税等。

(14)工程项目附加税费：是指国家税法规定的应计入建筑安装工程造价内的城市维护建设税、教育费附加、地方教育附加。

(15)工程定位复测费：是指工程施工过程中进行全部施工测量放线和复测工作的费用。

(16)其他：包括技术转让费、技术开发费、投标费、业务招待费、广告费、公证费、法律顾问费、审计费、咨询费、保险费等。

企业管理费按表 2-1-1 所示取费基数和基础费率计算。

表 2-1-1 企业管理费取费基数和费率

专业	取费基数	费率
《房屋建筑与装饰工程定额》第1章、第16章	人工费与机械费之和的 35%	8.50%、11.05%（招标控制价费率）
《房屋建筑与装饰工程定额》第2～15章、第17章	人工费与机械费之和	

注：企业管理费基础费率中未包含通过第三方检验机构进行材料检测费用和工程项目附加税费。上述两项是工程造价的组成部分，招标投标工程由投标人在投标报价时自行确定；非招标工程，工程结算时按规定或实际发生计入。

2. 利润

利润是指施工企业完成所承包工程获得的盈利。

利润按表 2-1-2 所示取费基数和基础费率计算。

表 2-1-2　利润取费基数和费率

专业	取费基数	费率
《房屋建筑与装饰工程定额》第1章、第16章	人工费与机械费之和的35%	7.50%、9.75%（招标控制价费率）
《房屋建筑与装饰工程定额》第2～15章、第17章	人工费与机械费之和	

上面两个表中的费率为2017年辽宁省发行的计价定额中企业管理费及利润的社会平均水平的基础费率。投标人在投标报价或非招标工程在签订施工合同时，自行确定费率。

❖ 案例解析

【解析】
(1) 企业管理费包括管理人员工资等十多项费用。
(2) 该项目中企业管理费＝90×8.5％＝7.65(万元)。
(3) 该项目中预计利润＝90×7.5％＝6.75(万元)。

需要解释，(2)、(3)中采用的费率均是基础费率。在实际工作中，可以根据工程情况、企业情况进行调整。

Part2　任务单

任务单：计算曙光新苑工程中企业管理费和利润

计算企业管理费和利润任务单	
任务完成环境	曙光新苑工程分部分项及技术措施费为3 386 723.29元。人工费与机械费合计为1 208 970.13元。计算企业管理费和利润。 1. 场地：教室。 2. 工具：计算器、图纸。 3. 工具书：①《建筑与装饰工程计量与计价》教材。 　　　　　②2017年辽宁省《建筑工程费用标准》
任务完成时间	20 min
任务完成结果	1. 计算企业管理费； 2. 计算利润
任务要求	1. 计算准确。 2. 说出费率的选择依据
任务反馈	

2.1.3 综合单价的确定

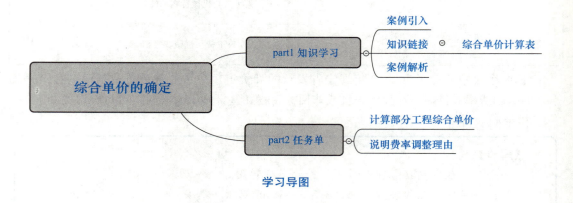

学习导图

Part1 知识学习

❖ 案例引入

【案例】 某工程预制 C30 钢筋混凝土方桩共 100 根,已知土壤为二级土,设计桩长共 15 m(两段,包括桩尖和焊接接桩),截面面积为 150 mm×150 mm,设计桩顶标高距离自然地面 0.60 m,清单见表 2-1-3,计算该部分综合单价。

表 2-1-3 分部分项工程量清单表

工程名称:桩基工程　　　　　　　　标段:　　　　　　　　　　　　第　页共　页

序号	项目编码	项目名称	项目特征描述	计量单位	工程数量
1	010301001001	预制钢筋混凝土方桩	1. 土壤级别:二级土 2. 单桩长度:15 m 3. 根数:100 根 4. 桩截面:150 mm×150 mm 5. 混凝土强度等级:C30	根	100

【分析】
1. 综合单价包括哪些费用?
2. 如何计算综合单价?

❖ 知识链接

在确定综合单价时,首先需要将人工单价、各种材料单价和机械台班单价(基础价格)确定下来,再利用行业或企业定额的消耗量及取费费率确定定额模式下单位工程量的人工费、材料费、机械台班费、管理费、利润及单位工程量的价格,然后确定清单项目下包含的定额项目及其工程量,并用定额项目的费用计算给定工程量的清单项目的综合单价。也可以直接利用行业、地方或企业定额中的费用数据来计算综合单价，但需要注意的是，由于定额的时效性，在综合单价中应该体现的市场因素和风险因素并没有被体现。所以，往往需要根据实际情况进行价差调整。工程量清单综合单价计算表见表 2-1-4。

表 2-1-4　工程量清单综合单价计算表

项目编码			项目名称			计量单位			工程量	
清单综合单价组成明细										
定额编号	定额项目名称	定额单位	数量	单价			合价			
				人工费	材料费	机械费	管理费和利润	人工费	材料费	机械费	管理费和利润
人工单价				小计								
元/工日				未计价材料费								
清单项目综合单价/元										
材料费明细	主要材料名称、规格、型号				单位	数量	单价/元	合价/元	暂估单价/元	暂估合价/元
	其他材料费								
	材料费小计								

❖ 案例解析

下面根据2017年辽宁省计价定额的相关数据说明综合单价的计算过程。

发包方在工程量清单中提供的工程量为100根。

投标人根据施工方案计算的工程量如下：

打桩：$0.15 \times 0.15 \times 15 \times 100 = 33.75 (m^3)$。

接桩：100个。

送桩：$0.15 \times 0.15 \times (0.6+0.5) \times 100 = 2.475 (m^3)$。

(1)该清单项下包含的定额项目包括：

①A3－2　打预制钢筋混凝土桩(Φ25以内)；

②A3－38　预制混凝土桩接方桩；

③A3－44　打方桩送桩。

(2)每个定额项目对应的工程量如下：

①A3－2　33.75 m^3；

②A3－38　100个；

③A3－44　2.475 m^3。

(3)每一单位清单工程量对应包含各项定额工程量如下：

①A3－2　33.75÷100＝0.337 5；

②A3－38　100÷100＝1；

③A3－44　2.475÷100＝0.024 75。

将以上数据和地方定额中的费用数据整理到综合单价计算表中，其中，管理费和利润按8.5%、7.5%计算，可以计算出综合单价，见表2-1-5。

表2-1-5　工程量清单综合单价计算表

项目编码	010301001001		项目名称	预制混凝土方桩		计量单位	根	工程量	100
清单综合单价组成明细										
定额编号	定额项目名称	定额单位	数量	单价				合价			
				人工费	材料费	机械费	管理费和利润	人工费	材料费	机械费	管理费和利润
3－2	打预制钢筋混凝土方桩	10 m^3	0.033 75	281.15	50.67	1 148.43	228.73	9.489	1.71	38.76	7.72
3－38	预制混凝土桩接方桩	10根	0.1	929.58	2 444.9	3 266.49	671.37	92.958	244.49	326.649	67.137
3－44	打方桩送桩	10 m^3	0.002 475	414.93	51.46	1 658.76	331.79	1.027	0.127	4.105	0.821
人工单价			小计				103.474	246.327	369.514	75.678
元/工日			未计价材料费								

续表

项目编码	010301001001	项目名称	预制混凝土方桩	计量单位	根	工程量	100
清单项目综合单价					794.993		

材料费明细	主要材料名称、规格、型号	单位	数量	单价/元	合价/元	暂估单价/元	暂估合价/元
	其他材料费						
	材料费小计						

Part2　任务单

任务单：编制土石方工程、砌筑工程、混凝土工程各分项工程综合单价

编制综合单价任务单	
任务完成环境	根据《曙光新苑施工图纸》要求，完成曙光新苑工程的土石方工程、砌筑工程、混凝土工程各分项工程综合单价计算。 1. 场地：教室。 2. 工具：计算器、图纸。 3. 工具书：①《建筑与装饰工程计量与计价》教材。 　　　　　　②2017年辽宁省《房屋建筑与装饰工程定额》。 　　　　　　③《建筑预算手册》。 4. 材料：分部分项工程量清单表
任务完成时间	5 d
任务完成结果	1. 计算土石方工程各分项工程综合单价； 2. 计算砌筑工程各分项工程综合单价； 3. 计算混凝土工程各分项工程综合单价
任务要求	1. 人材机单价可参考2017年辽宁计价定额； 2. 管理费和利润费率可做调整，需说明调整理由
任务重点	管理费、利润费率调整理由
任务反馈	

2.1.4 辽宁计价定额的使用

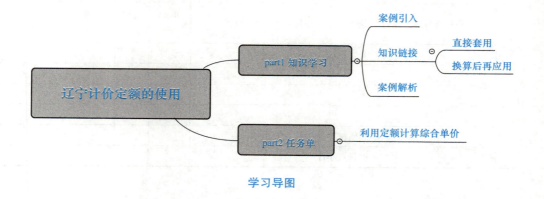

学习导图

Part1 知识学习

❖ 案例引入

【案例】 曙光新苑基础梁挖土，三类土，挖土深度为 1.8 m，挖土方为 261 m³；基础梁 39.3 m³，采用碎石混凝土 C30～C40，32.5 级水泥；人工挖土基坑，2 m 以内一、二类土，湿土 45 m³。用自卸汽车运土方 690 m³，运距 10 km；地下室砌筑实心砖 1 砖混水墙 35.4 m³，采用 M7.5 的混合砂浆，地下室设计为细石混凝土楼地面 550 m²，厚度为 50 mm，墙面抹 1∶2 水泥砂浆 500 m²，厚度为 20 mm，这部分各分项工程所需的综合单价是多少？工程合价是多少？

【分析】
1. 如果不采取自己市场询价的方式，利用当地的计价定额怎样找出综合单价？
2. 如果在定额中找不到相同的项目怎么办？

❖ 知识链接

使用计价定额之前，首先要认真学习定额的总说明、分部工程说明及附录等，使用的方法一般可分为定额的直接套用、定额的换算和编制补充定额三种情况。

1. 直接套用定额

当工程项目的内容和施工要求与定额表中内容完全一致时，可直接套用定额项目。

2. 换算后使用定额

当定额子目规定内容与工程项目内容、材料规格、施工方法不完全一致，定额规定允许换算时，按定额编制说明、附注、加工表的有关说明和规定换算定额，并在原定额编号右下角注明"换"字，以示区别。

预算定额的换算就是将分项工程定额中与设计要求不一致的内容进行调整，取得一致的过程。预算定额换算的基本思路是将设计要求的内容拿进来，将设计不需要的内容(原来的定额内容)拿出去,从而确定与设计要求一致的分项工程基价,换算后的项目应在项目编号(或定额编号)的右下角注明"换"字,以示区别,如 3—2 换。

预算定额换算的类型很多,下面结合 2017 年辽宁省建设工程计价依据《房屋建筑与装饰工程定额》及 2017 年辽宁省《建设工程混凝土、砂浆配合比标准》介绍常见的换算方法。

(1)砂浆换算:即砌筑砂浆换强度等级、抹灰砂浆换配合比及砂浆用量。当设计图纸要求的砌筑砂浆强度等级在预算定额中缺项时,就需要调整砂浆强度等级,求出新的定额基价。由于砂浆用量不变,所以人工、机械费不变,因而只换算砂浆强度等级和调整砂浆材料费。

换算后定额综合单价=原定额综合单价+定额砂浆用量×(换入砂浆单价-换出砂浆单价)

(2)混凝土换算:即构件混凝土、楼地面混凝土的强度等级和混凝土类型的换算。当设计要求构件采用的混凝土强度等级,在预算定额中没有相符合的项目时,就产生了混凝土强度等级或石子粒径的换算。

混凝土用量不变,则人工费、机械费不变,只换算混凝土强度等级或石子粒径。换算公式为

换算定额综合单价=原定额综合单价+定额混凝土用量×(换入混凝土单价-换出混凝土单价)

(3)运距的换算。在预算定额中,各种项目的运输定额,一般可分为基本定额和增加定额,当实际运距超过基本运距时,应另行增加,换算公式为

换算后的综合单价=基本综合单价+增加运距项目的综合单价×增加运距的倍数

式中　　　　　　　增加运距倍数=$\dfrac{实际运距-基本项目所含运距}{增加运距项目所含的运距}$

(4)利用系数换算。在施工中,由于施工条件及施工方法不同,也影响预算价值,因此定额中有些项目可以利用系数进行换算。换算公式为

换算后定额综合单价=定额部分价值×规定系数+未乘系数部分的价值

(5)厚度换算。预算定额中的找平层、面层定额,一般可分为基本定额和增加定额,当实际厚度超过基本厚度时,应另行增加,换算公式为

换算后的定额综合单价=基本项目综合单价+增加厚度项目的综合单价×增加厚度的倍数

式中　　　　　　　增加厚度的倍数=$\dfrac{实际厚度-基本项目厚度}{增加项目所含的厚度}$

(6)抹灰砂浆的配合比换算。预算定额中的抹灰项目中砂浆配合比与设计不同者,按设计要求调整。

❖ **案例解析**

上面的案例涉及分项工程较多,为方便计算,把各分项工程拆开,以 2017 年辽宁计价定额为参考,计算综合单价。

【解】

(1)基础梁挖土,三类土,挖土深度为 1.8 m,挖土方为 261 m^3。

查定额 1—14,根据工程情况,符合直接套用条件。

综合单价为 318.83 元/10 m³。

人工挖沟槽土方工程合价＝318.83×261/10＝8 321.46(m³)

(2)基础梁 39.3 m³，采用碎石混凝土 C30～C40，32.5 级水泥；

查定额 5—17，根据工程情况，定额需要换算后再应用。

综合单价为 3 751.92 元/10 m³；预拌混凝土 C30 10.1 m³/10 m³；预拌混凝土 349 元/m³；定额 18—64C30～C40 碎石混凝土 207.65 元/m³。

混凝土综合单价＝3 751.92＋10.1×(207.65－349)＝2 324.29(元/10 m³)

独立基础的工程合价＝2 324.29×39.3/10＝9 134.46(元)

(3)人工挖土基坑，2 m 以内一二类土，湿土 45 m³。

查定额 1—11，根据工程情况，定额需要换算后再应用。

综合单价为 231.32 元/10 m³，其中人工费为 219.05 元，挖湿土时按相应定额人工乘以 1.18 系数。

换算后的综合综合单价＝231.32＋219.05×0.18＝270.75(元/10 m³)

工程合价＝270.75×45/10＝1 218.38(元)

(4)用自卸汽车运土方 690 m³，运距 10 km。

查定额 1—140、1—141，根据工程情况，定额需要换算后再应用。

综合单价为运距 1 km 以内 44.29 元/10 m³，运距每增加 1 km 综合单价增加 14.33 元/10 m³。

运费合价＝[44.29＋(10－1)/1×14.33]×690/10＝11 954.94(元)

(5)地下室砌筑实心砖 1 砖混水墙 35.4 m³，采用 M7.5 的混合砂浆。

查定额 4—13，根据工程情况，定额需要换算后再应用。

综合单价为 3 394.62 元/10 m³，干混砌筑砂浆 DM M10，2.313 m³/10 m³；干混砌筑砂浆 DM M10 170.69 元/m³；18—336 混合砂浆 M7.5 169.09 元/m³。

砖墙的综合单价＝3 394.62＋2.313×(169.09－170.69)＝3 390.92(元/10 m³)

砖墙的工程合价＝3 390.92×35.4/10＝12 003.86(元)

(6)地下室设计为细石混凝土楼地面 550 m²，厚度为 50 mm。

查定额 11—15、11—16。根据工程情况，定额需要换算后再应用。

厚度 30 mm 综合单价为 2 362.43 元/100 m²，每增加 5 mm 综合单价为 326.62 元/100 m²。

换算后定额综合单价＝2 362.43＋326.62×(50－30)/5＝3 668.91(元/100 m²)

地面的工程合价＝3 668.91×550/100＝20 179(元)

(7)墙面抹 1∶2 水泥砂浆 500 m²，厚度为 20 mm。

查定额 12—1，根据工程情况，定额需要换算后再应用。

综合单价为 2 201.44 元/100 m²；干混抹灰砂浆 DP M10 用量为 2.32 m³；干混抹灰砂浆 190.54 元/m³；定额 18—279 抹灰砂浆水泥砂浆 1∶2 223.06 元/m³。

抹灰的编号综合单价＝2 201.44＋2.32×(223.06－190.54)＝2 276.89(元/100 m²)

墙面的工程合价＝2 276.89×500/100＝11 384.45(元)

Part2　任务单

任务单：完成曙光新苑工程定额换算

定额换算任务单	
任务完成环境	1. 场地：教室。 2. 工具：计算器、图纸。 3. 工具书：①《建筑与装饰工程计量与计价》教材。 　　　　　②2017年辽宁省《混凝土、砂浆配合比标准》。 　　　　　③2017年辽宁省《房屋建筑与装饰工程定额》
任务完成时间	2 h
任务完成结果	1. 计算外墙300 mm，内墙200 mm的综合单价； 2. 计算柱综合单价，梁综合单价，板综合单价
任务要求	准确选择定额子目
任务反馈	

知识拓展

定额的起源

在我国唐朝时期(618—907年)，编著有一本《大唐六典》，对土木工程的耗工耗量有条文记载。北宋时期，丁渭修复皇官工程中采用的挖沟取土、以沟运料、废料填沟的办法，所取得的"一举三得"的效果可谓古代工程管理的范例。著名的古代土木建筑家李诚(北宋，960—1127年)编著的《营造法式》，成书于公元1100年，它不仅是土木建筑工程技术的巨著，也是工料计算方面的巨著。清代(1644—1911年)，清工部《工程做法则例》是一部算工算料的书。梁思成先生在《清式营造则例》一书序言中明确肯定清代计算工程工料消耗的方法和工程费用的方法，并根据所搜集到的秘传抄本编著的《营造算例》中反映有"在标列尺寸方面的确是一部原则的书,在权衡比例上则有计算的程式,……其主要目的在算料"。以上这些,说明我国有这些方面积累的经验和资料。它虽然没有上升到理论的高度,但以相关理论作指导。

定额成为科学形成于 19 世纪末。19 世纪末的美国工程师弗·温·泰罗(1856—1915),提出了一整套系统的、标准的科学管理方法,形成了有名的"泰罗制"。"泰罗制"的核心是:制定科学的工时定额,实行标准的操作方法,强化和协调职能管理,实行有差别的计件工资制。

项目 2.2　投标价的确定

2.2.1　分部分项工程费的确定

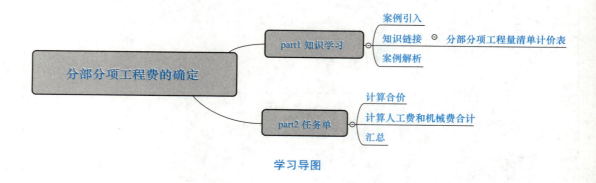

学习导图

Part1　知识学习

❖ **案例引入**

【案例】　某工程预制 C30 钢筋混凝土方桩共 100 根,已知土壤为二级土,设计桩长共 15 m(两段,包括桩尖和焊接接桩),截面尺寸为 150 mm×150 mm,设计桩顶标高距离自然地面为 0.60 m,清单表、综合单价计算表见表 2-1-3 和表 2-1-5。

【分析】
1. 该清单项目的合计是多少?
2. 分部分项工程量清单计价表如何填写?

❖ **知识链接**

分部分项工程量清单计价流程如图 2-2-1 所示。

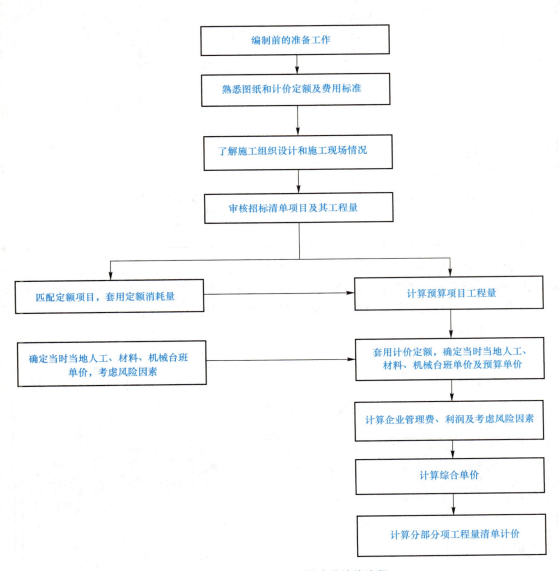

图 2-2-1 分部分项工程量清单计价流程

分部分项工程清单与计价表见表 2-2-1。

表 2-2-1　分部分项工程清单与计价表

工程名称：　　　　　　　　　　　　标段：　　　　　　　　　　　　　　　第　页共　页

序号	项目编码	项目名称	项目特征描述	计量单位	工程量	金额/元		其中 暂估价
						综合单价	合价	

此表中，项目编码、项目名称、项目特征描述、计量单位、工程量均是按照招标投标给出的分部分项工程清单表填写，综合单价按照综合单价分析表中填写。合价＝工程量×综合单价，将其中的人工费与机械费单列出来，方便后期计算措施项目费、规费等。

❖ **案例解析**

【解析】

分部分项工程清单与计价表

工程名称：　　　　　　　　　　　　标段：　　　　　　　　　　　　　　　第　页共　页

序号	项目编码	项目名称	项目特征描述	计量单位	工程量	金额/元		其中 暂估价
						综合单价	合价	
1	010301001001	预制钢筋混凝土方桩	1. 土壤级别：二级土 2. 单桩长度：15 m 3. 根数：100 根 4. 桩截面：150 mm×150 mm 5. 混凝土强度等级：C30	根	100	794.993	79 499.3	47 298.8

Part2　任务单

任务单：编制分部分项工程计价表

编制分部分项工程计价表任务单	
任务完成环境	根据《曙光新苑施工图纸》要求，完成曙光新苑工程的分部分项工程计价表。 1. 场地：教室。 2. 工具：计算器、图纸。 3. 工具书：①《建筑与装饰工程计量与计价》教材。 　　　　　②2017年辽宁《房屋建筑与装饰工程定额》。 　　　　　③《建筑预算手册》
任务完成时间	3 d
任务完成结果	分部分项工程清单计价表
任务要求	1. 计算每一个清单项目的合计。 2. 汇总合价。 3. 汇总其中人工费和机械费。 4. 小组成员协调配合
任务重点	编制分部分项工程计价表
任务反馈	

2.2.2 措施项目费的确定

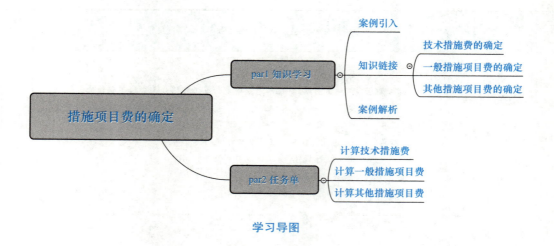

学习导图

Part1 知识学习

❖ 案例引入

【案例】 曙光新苑工程分部分项及技术措施费为 3 386 723.29 元,人工费与机械费合计 1 208 970.13 元,那么文明施工与环境保护费为多少?后期内部装修,需要照明,该费用又如何计算?
【分析】
1. 文明施工与环境保护费的计算基数和计算费率是什么?
2. 白班照明是否合理,费用如何计算?

❖ 知识链接

1. 技术措施项目费(单价措施项目费)的确定

技术措施项目费的计算方法,表格同分部分项工程费,可参考 2.2.1 分部分项工程费的确定。

2. 一般措施项目费的确定

(1)安全施工费:以建筑安装工程不含本项费用的税前造价为取费基数,房屋建筑工程为 2.27%;市政公用工程、机电安装工程为 1.71%。

(2)文明施工和环境保护费,按表 2-2-2 所示取费基数和建议费率计算。

表 2-2-2 文明施工和环境保护费取费基数和费率

专业	取费基数	费率
《房屋建筑与装饰工程定额》第 1 章、第 16 章	人工费与机械费之和的 35%	0.65%、0.85%(招标控制价费率)
《房屋建筑与装饰工程定额》第 2~15 章、第 17 章	人工费与机械费之和	

(3)雨期施工费。雨期施工费工程量为全部工程量,按表2-2-3所示取费基数和建议费率计算。

表 2-2-3　雨期施工费取费基数和费率

专业	取费基数	费率
《房屋建筑与装饰工程定额》第1章、第16章	人工费与机械费之和的35%	0.65%、0.85%（招标控制价费率）
《房屋建筑与装饰工程定额》第2～15章、第17章	人工费与机械费之和	

3. 其他措施项目费的确定

(1)夜间施工增加费和白天施工需要照明费按表2-2-4计算。

表 2-2-4　夜间施工增加费和白天施工需要照明费

项目	合计	夜餐补助费	工效降低和照明设施折旧费
夜间施工	32	10	22
白天施工需要照明	22	—	22

(2)二次搬运费。按批准的施工组织设计或签证计算。

(3)冬期施工费。冬期施工工程量,为达到冬季标准(气候学上,平均气温连续5 d低于5 ℃)所发生的工程量,按表2-2-5所示取费基数和建议费率计算。

表 2-2-5　冬期施工取费基数和费率

专业	取费基数	基础费率
《房屋建筑与装饰工程定额》第1章、第16章	人工费与机械费之和的35%	3.65%、4.75%（招标控制价费率）
《房屋建筑与装饰工程定额》第2～15章、第17章	人工费与机械费之和	

(4)已完工程及设备保护费。按正常施工情况,由编制人自行确定。

(5)市政工程(含园林绿化工程)施工干扰费,仅对符合发生市政工程干扰情形的工程项目或项目的一部分,按对应工程量的人工费与机械费之和的4%计取该项费用。

措施项目清单与计价表见表2-2-6。

表 2-2-6　措施项目清单与计价表

工程名称：　　　　　　　　　　　标段：　　　　　　　　　　　第　页共　页

序号	项目编码	项目名称	计算基础	费率/%	金额/元	调整费率/%	调整后金额/元	备注
		安全文明施工费						
		夜间施工费						
		二次搬运费						
		冬雨期施工						
		已完工程及设备保护						
		合计						

注：按施工方案计算的措施费,若无"计算基础"和"费率"的数值,也可只填"金额"数值,但应在备注栏说明施工方案出处或计算方法。

❖ 案例解析

【解析】
(1)文明施工与环境保护费＝1 208 970.13×0.65％＝7 858.31(元)。
(2)白班照明，22元/工日。

Part2 任务单

任务单：编制技术措施项目清单计价表

编制技术措施项目清单计价表任务单	
任务完成环境	根据《曙光新苑结构施工图纸》要求，完成曙光新苑工程的技术措施项目工程计价。 1. 场地：教室。 2. 工具：计算器、图纸。 3. 工具书：①《建筑与装饰工程计量与计价》教材。 　　　　　②2017年辽宁省《房屋建筑与装饰工程定额》。 　　　　　③《建筑预算手册》。 4. 材料：措施项目清单计价表
任务完成时间	1 d
任务完成结果	1. 计算脚手架综合单价； 2. 编制脚手架工程量清单计价表
任务要求	1. 人、材、机单价可依照2017年辽宁省计价定额； 2. 小组成员协调配合； 3. 数值计算准确
任务重点	1. 计算准确； 2. 工程量清单计价编制完整
任务反馈	

2.2.3 其他项目费、规费和税金的确定

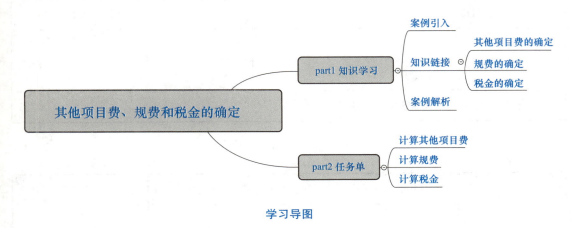

学习导图

Part1 知识学习

❖ 案例引入

【案例】 在曙光新苑工程中,门窗工程由建设单位自行分包给盛达门窗厂,那么保泰建筑安装有限公司作为总承包单位,可以收取一定的服务费用吗?

【分析】
1. 收取的服务费属于哪一项?
2. 收取费用的标准是什么?

❖ 知识链接

1. 其他项目费的确定

其他项目费相关表格见表2-2-7~表2-2-12。

表2-2-7 其他项目清单与计价汇总表

工程名称:　　　　　　　　　　　　　标段:　　　　　　　　　　　　第 页 共 页

序号	项目名称	计量单位	金额/元	备注
1	暂列金额	项		明细详见表2-2-8
2	暂估价			
2.1	材料(工程设备)暂估单价			明细详见表2-2-9
2.2	专业工程暂估价			明细详见表2-2-10
3	计日工			明细详见表2-2-11

续表

序号	项目名称	计量单位	金额/元	备注
4	总承包服务费			明细详见表 2-2-12
5				
	合计			

注：材料暂估价进入清单项目综合单价，此处不汇总。

表 2-2-8　暂列金额明细表

工程名称：　　　　　　　　　　　　　标段：　　　　　　　　　　　　　第　页共　页

序号	项目名称	计量单位	暂定金额/元	备注
1				
2				
3				
…				
	合计			

注：此表由招标人填写，如不能详列，也可只列暂定金额总额，投标人应将上述暂列金额计入投标总价中。

表 2-2-9　材料(工程设备)暂估单价表

工程名称：　　　　　　　　　　　　　标段：　　　　　　　　　　　　　第　页共　页

序号	材料(工程设备)名称、规格、型号	计量单位	金额/元	备注
1				
2				
3				
…				

注：1. 此表由招标人填写，并在备注栏说明暂估价的材料拟用在哪些清单项目上，投标人应将上述材料暂估单价计入工程量清单综合单价报价中。
　　2. 材料包括原材料、燃料、构配件及按规定应计入建筑安装工程造价的设备。

表 2-2-10 专业工程暂估价表

工程名称：　　　　　　　　　　　　　　标段：　　　　　　　　　　　　　　第　页共　页

序号	工程名称	工程内容	金额/元	备注
1				
2				
3				
…				
	合计			

注：此表由招标人填写，投标人应将上述专业工程暂估价计入投标总价中。

表 2-2-11 计日工表

工程名称：　　　　　　　　　　　　　　标段：　　　　　　　　　　　　　　第　页共　页

编号	项目名称	单位	暂定数量	综合单价	合价
一	人工				
1					
2					
…					
	人工小计				
二	材料				
1					
2					
…					
	材料小计				
三	施工机械				
1					
2					
…					
	施工机械小计				
	总计				

注：此表项目名称、数量由招标人填写，编制招标控制价时，单价由招标人按有关计价规定确定；投标时，单价由投标人自主报价，计入投标总价中。

表 2-2-12　总承包服务费计价表

工程名称：　　　　　　　　　　标段：　　　　　　　　　　　　第　页共　页

序号	项目名称	项目价值/元	服务内容	费率/%	金额/元
1	发包人发包专业工程				
2	发包人供应材料				
…					
	合计				

编制招标控制价时，总承包服务费应根据招标文件列出的服务内容和要求按下列规定计算：

(1)招标人仅要求对分包的专业工程进行总承包管理和协调时，按分包的专业工程估算造价的1.5%计算。

(2)招标人要求对分包的专业工程进行总承包管理和协调，并同时要求提供配合服务时，根据招标文件列出的配合服务内容和提出的要求，按分包的专业工程估算造价的3%～5%计算。

(3)招标人自行供应材料、工程设备的，按招标人供应材料工程设备价值的1%计算。

编制投标报价时，总承包服务费应依据招标人在招标文件中列出的分包专业工程内容和供应材料设备情况，按照招标人提出的协调、配合与服务要求和施工现场管理需要由投标人自主确定。

2. 规费和税金的确定

规费、税金项目清单与计价表见表 2-2-13。

表 2-2-13　规费、税金项目计价表

工程名称：××工程　　　　　　标段：　　　　　　　　　　　　第　页共　页

序号	项目名称	计算基础	计算基数	计算费率/%	金额/元
1	规费	社会保障费＋住房公积金＋工程排污费＋其他＋工伤保险			
1.1	社会保障费	人工费＋机械费			
1.2	住房公积金	人工费＋机械费			
1.3	工程排污费				
1.4	其他				
1.5	工伤保险				
2	税金	税费前工程造价合计			

规费费率：招标工程投标人在投标报价时，根据有关部门的规定及企业缴纳支出的情况，自行确定；非招标工程施工合同中，根据有关部门的对应及企业缴纳支出情况约定规费费率。

税金按《中华人民共和国税法》、财政部国家税务总局《关于全面推开营业税改征增值税试点的通知》(财税〔2016〕36号)相关规定执行。

❖ 案例解析

> 【解析】
> （1）收取的费用列入总承包服务费，属于其他项目费。
> （2）招标人仅要求对分包的专业工程进行总承包管理和协调时，按分包的专业工程估算造价的1.5%计算。可根据实际情况对费率进行调整。

Part2 任务单

任务单：计算曙光新苑工程的规费

编制规费项目计价表任务单	
任务完成环境	根据下列资料计算曙光新苑工程的规费，分部分项及技术措施费为3 386 723.29元。人工费与机械费合计1 208 970.13元。 1. 场地：教室。 2. 工具：计算器、图纸。 3. 工具书：①《建筑与装饰工程计量与计价》教材。 ②2017年辽宁省《建筑工程费用标准》。
任务完成时间	20 min
任务完成结果	1. 计算社会保险费； 2. 计算住房公积金； 3. 计算工程排污费
任务要求	1. 计算准确； 2. 说明费率的出处
任务重点	说明费率的出处
任务反馈	

知识拓展

2016年3月23日，财政部、国家税务总局正式颁布《关于全面推开营业税改征增值税试点的通知》。通知包括4部分内容：营业税改征增值税试点实施办法、营业税改征增值税试点有关事项的规定、营业税改征增值税试点过渡政策的规定、跨境应税行为适用增值税零税率和免税政策的规定(图2-2-2)。

纳税是每个公民的义务，我国社会主义税收取之于民、用之于民。在我国，国家利益、集体利益、个人利益在根本上是一致的。国家的兴旺发达、繁荣富强与每个公民息息相关；而国家职能的实现，必须以社会各界缴纳的税收为物质基础。因而，在我国每个公民都应自觉纳税。

图 2-2-2 营改增

2.2.4 计价程序

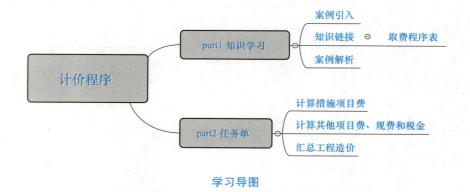

学习导图

Part1 知识学习

❖ **案例引入**

【案例】物业办公楼，共两层，建筑面积为 1 271.60 m²，框架结构，工程于2020年5月开工，预计2021年6月竣工。根据施工图纸计算工程定额分部分项工程费、技术措施费合计为 1 050 963.09 元，其中，人工费＋机械费为 237 244.49 元，社会保险费为 1.8％，税金为 11％。试计算该工程的工程造价。

【分析】工程造价应按照取费程序，逐一计算，并汇总。

❖ 知识链接

工程费用取费程序见表 2-2-14。

表 2-2-14　工程费用取费程序表

序号	费用项目	计算方法
1	工程定额分部分项工程费、技术措施费合计	工程量×定额综合单价＋主材费
1.1	其中：人工费＋机械费	
2	一般措施项目费(不含安全施工措施费)	1.1×费率、按规定、或按施工组织设计和签证
3	其他措施项目费	1.1×费率
4	其他项目费	
5	工程定额分部分项工程费、措施项目费（不含安全施工措施费）、其他项目费合计	1＋2＋3＋4
5.1	其中：企业管理费	1.1×费率
5.2	其中：利润	1.1×费率
6	规费	1.1×费率及各市规定
7	安全施工措施费	(5＋6)×费率
8	税费前工程造价合计	5＋6＋7
9	税金	8×规定费率
10	工程造价	8＋9

1. 一般措施项目费用(不含安全施工措施费)组成表

一般措施项目费用(不含安全施工措施费)组成见表 2-2-15。

表 2-2-15　一般措施项目费用组成

2	一般措施项目费(不含安全施工措施费)	计算方法
2.1	环境保护和文明施工费	1.1×费率
2.2	雨期施工费	1.1×费率

2. 其他措施项目费组成表

其他措施项目费组成见表 2-2-16。

表 2-2-16　其他措施项目费用组成

3	其他措施项目费	计算方法
3.1	夜间施工增加费	按规定计算
3.2	二次搬运费	按批准的施工组织设计或签证计算
3.3	冬期施工费	1.1×费率
3.4	已完工程及设备保护费	按批准的施工组织设计或签证计算
3.5	市政工程干扰费	1.1×费率
3.6	其他	

3. 其他项目费组成表

其他项目费组成见表 2-2-17。

表 2-2-17　其他项目费组成

4	其他项目费	计算方法
4.1	暂列金额	
4.2	计时工	
4.3	总承包服务费	
4.4	暂估价	
4.5	其他	

4. 规费费用组成表

规费费用组成见表 2-2-18。

表 2-2-18　规费费用组成

6	规费	计算方法
6.1	社会保险费	1.1×费率
6.2	住房公积金	1.1×费率
6.3	工程排污费	按工程所在地规定计算
6.4	其他	

5. 企业管理费

企业管理费组成见表2-2-19。

表2-2-19　企业管理费组成

5.1	企业管理费	计算方法
5.1.1	房屋建筑与装饰工程土石方部分	1.1×费率
5.1.2	房屋建筑与装饰工程其他	1.1×费率
5.1.3	通用安装工程部分	1.1×费率
5.1.4	市政工程土石方部分	1.1×费率
…	……	…

6. 利润

利润组成见表2-2-20。

表2-2-20　利润组成

5.2	利润	计算方法
5.2.1	房屋建筑与装饰工程土石方部分	1.1×费率
5.2.2	房屋建筑与装饰工程其他	1.1×费率
5.2.3	通用安装工程部分	1.1×费率
5.2.4	市政工程土石方部分	1.1×费率
…	……	…

❖ 案例解析

【解析】

工程费用计算见表2-2-21。

表2-2-21　工程费用计算表

行号	费用名称	计算方法	费率/%	金额/元
1	工程定额分部分项工程费、技术措施费合计	工程量×定额综合单价＋主材费		1 050 963.09
1.1	其中：人工费＋机械费			237 244.49
2	一般措施项目费（不含安全施工措施费）	2.1＋2.2		3 084.18

续表

2.1	文明施工和环境保护费	1.1×费率	0.65	1 542.09
2.2	雨期施工费	1.1×费率	0.65	1 542.09
3	其他措施项目费	3.1+3.2+3.3+3.4+3.5+3.6		8 659.42
3.1	夜间施工增加费和白天施工需要照明费			
3.2	二次搬运费			
3.3	冬期施工费	1.1×费率	3.65	8 659.42
3.4	已完工程及设备保护费			
3.5	市政工程(含园林绿化工程)施工干扰费			
3.6	其他			
4	其他项目费			
5	工程定额分部分项工程费、技术措施费(不含安全施工措施费)、其他项目费合计	1+2+3+4		1 062 706.69
5.1	其中:企业管理费	1.1×费率	8.5	20 165.78
5.2	其中:利润	1.1×费率	7.5	17 793.34
6	规费	6.1+6.2+6.3+6.4		4 270.4
6.1	社会保险费	1.1×费率	1.8	4 270.4
6.2	住房公积金	1.1×费率		
6.3	工程排污费			
6.4	其他			
7	安全施工措施费	(5+6)×费率	2.27	24 220.38
8	税费前工程造价合计	5+6+7		1 091 197.47
9	税金	8×费率	11	120 031.72
10	工程造价	8+9		1 211 229.19

Part2　任务单

任务单：编制曙光新苑工程造价

编制工程造价任务单	
任务完成环境	曙光新苑工程分部分项工程费及单价措施费为 3 386 723.29 元，其中人工费和机械费合计 1 208 970.13 元。措施费用要考虑雨期施工。 1. 场地：教室。 2. 工具：计算器、图纸。 3. 工具书：2017 年辽宁省《房屋建筑与装饰工程定额》。
任务完成时间	1 h
任务完成结果	编写工程造价计算表
任务要求	1. 数据计算要准确； 2. 费率参考辽宁省费用标准； 3. 不多项，不漏项
任务重点	数据计算准确
任务反馈	

模块 3　工程结算与竣工决算

模块描述

工程结算是承包商按照合同的约定和规定的程序,向建设单位办理工程价款清算的活动。及时准确地办理工程结算,可以使公司资金回笼,提高资金周转。这是造价员应知应会的技能。本模块重点讲述了工程结算的内容,工程进度款的结算方法及编制步骤。

学习目标

※ **知识目标**
1. 掌握工程价款约定的内容和工程预付款及其计算;
2. 掌握工程进度款的支付步骤及相关规定;
3. 掌握合同价款调整的方法;
4. 了解建筑工程竣工决算的内容;
5. 理解竣工项目资产核定。

※ **能力目标**
1. 能够计算工程预付款和抵扣金额;
2. 能够根据合同约定计算工程进度款;
3. 能够计算竣工项目资产核定;
4. 能够举一反三,从案例中吸取经验和教训运用到其他工程实例中。

※ **素质目标**
1. 通过学习本模块,培养认真、严谨、敬业的工匠精神;自觉遵守职业道德和行业规范;培养严谨的工作作风、爱岗敬业的工作态度;
2. 通过学习工程结算、竣工决算,培养遵守客观、公平、公正的工程结算原则。

项目 3.1　工程价款结算

3.1.1　合同价款的支付

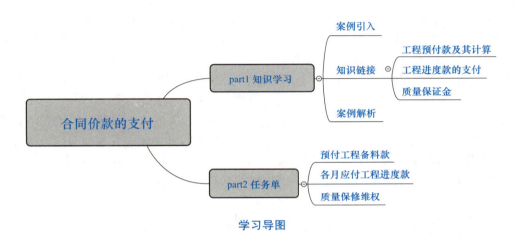

学习导图

Part1　知识学习

❖ 案例引入

【案例】　某企业承包的建筑工程合同造价为 780 万元。双方签订的合同规定工程工期为 5 个月，工程预付备料款额度为工程合同造价的 20%，工程进度款逐月结算，经测算其主要材料费所占比重为 60%，工程保留金为工程合同造价的 5%，各月实际完成的产值见表 3-1-1，求该工程如何按月结算工程款？

表 3-1-1　各月实际完成产值

月份	三月	四月	五月	六月	七月	合计
完成产值/万元	95	130	175	210	170	780

【分析】

1. 工程预付备料款的金额是多少？
2. 该工程 3—6 月，每月拨付的工程进度款为多少？
3. 七月办理工程竣工结算，前提是什么？发包人应付工程尾款为多少？

❖ 知识链接

工程结算是指施工企业按照承包合同和已完工程量向建设单位（业主）办理工程价款清算的经济文件。工程建设周期长，耗用资金数大，为使建筑安装企业在施工中耗用的资金及时得到补偿,需要对工程价款进行中间结算(进度款结算)、年终结算,全部工程竣工验收后应进行竣工结算。

1. 工程预付款及其计算

施工企业承包工程,一般都是包工包料,这就需要有一定数量的备料周转金。在工程承包合同条款中,一般要明文规定发包单位(甲方)在开工前拨付给承包单位(乙方)一定金额的工程预付备料款。此预付款构成施工企业为该承包工程项目储备主要材料、结构件所需的流动资金。

我国《建设工程施工合同(示范文本)》(GF—2017—0201)中规定,预付款的支付按照专用合同条款约定执行,但至迟应在开工通知载明的开工日期7d前支付。预付款应当用于材料、工程设备、施工设备的采购及修建临时工程、组织施工队伍进场等。

除专用合同条款另有约定外,预付款在进度付款中同比例扣回。在颁发工程接收证书前,提前解除合同的,尚未扣完的预付款应与合同价款一并结算。

发包人逾期支付预付款超过7d的,承包人有权向发包人发出要求预付的催告通知,发包人收到通知7d内仍未支付的,承包人有权暂停施工,并按发包人违约的情形执行。

(1)预付款备料款的限额。建设单位向施工企业预付备料款的限额的取决因素包括①工程项目中主要材料(包括外购构件)占工程合同造价的比重、材料储备期、施工工期。

$$预付备料款限额 = 工程合同造价 \times 预付备料款额度$$

$$预付备料款限额 = \frac{年度承包工程总值 \times 主要材料所占比重}{年度施工日历天数} \times 材料储备天数$$

在实际工作中,备料款的数额要根据各工程类型、合同工期、承包方式和供应体制等不同条件而定。工程备料款额度建筑工程一般不应超过30%;安装工程10%;材料占比重较多的安装工程可以按15%左右拨付。

(2)备料款的扣回。发包单位拨付给承包单位的备料款属于预支性质,到了工程实施后,随着工程所需主要材料储备的逐步减少,以抵扣工程价款的方式陆续扣回。扣款的方法有两种:

可以从未施工工程尚需的主要材料及构件的价值相当于备料款数额时起扣,从每次结算工程价款中,按材料比重抵扣工程价款,竣工前全部扣完。起扣时的累计完成工程额度计算公式为

$$起扣造价 = 工程造价 - \frac{备料款}{材料费比重}$$

$$第一次扣回备料款 = (累计工程进度款 - 起扣造价) \times 主材占比(\%)$$

$$第二次及以后扣回备料款 = 当月工程进度款 \times 主材占比(\%)$$

在实际经济活动中,情况比较复杂,有些工程工期较短,就无须分期扣回。有些工程工期较长,如跨年度施工,则预付备料款可以不扣或少扣,并于次年按应预付备料款调整,多退少补。具体来说,跨年度工程,预计次年承包工程价值大于或相当于当年承包工程价值时,可以不扣回当年的预付备料款;如小于当年承包工程价值时,应按实际承包工程价值进行调整,在当年扣回部分预付备料款,并将未扣回部分转入次年,直到竣工年度,再按上述办法扣回。

2. 工程进度款的支付

施工企业在施工过程中,按逐月(或形象进度,或控制界面等)完成的工程数量计算各

项费用，向建设单位（业主）办理工程进度款的支付（即中间结算）。以按月结算为例，现行的中间结算办法是，施工企业在旬末或月中向建设单位提出预支工程款账单，预支一旬或半月的工程款，月终再提出工程结算账单和已完工程月报表，收取当月工程价款，并通过银行进行结算。按月进行结算，要对现场已施工完毕的工程逐一进行清点，资料提出后要交监理工程师和建设单位审查签证。为简化手续，多年来采用的办法是以施工企业提出的统计进度月报表为支取工程款的凭证，即通常所称的工程进度款。

(1)付款周期。除专用合同条款另有约定外，付款周期应按照计量周期的约定与计量周期保持一致。

(2)进度付款申请单的编制。除专用合同条款另有约定外，进度付款申请单应包括下列内容：

①截至本次付款周期已完成工作对应的金额。

②根据变更应增加和扣减的变更金额。

③根据预付款约定应支付的预付款和扣减的返还预付款。

④根据质量保证金约定应扣减的质量保证金。

⑤根据索赔应增加和扣减的索赔金额。

⑥对已签发的进度款支付证书中出现错误的修正，应在本次进度付款中支付或扣除的金额。

⑦根据合同约定应增加和扣减的其他金额。

(3)进度付款申请单的提交。

①单价合同进度付款申请单的提交。单价合同的进度付款申请单，按照单价合同的计量约定的时间按月向监理人提交，并附上已完成工程量报表和有关资料。单价合同中的总价项目按月进行支付分解，并汇总列入当期进度付款申请单。

②总价合同进度付款申请单的提交。总价合同按月计量支付的，承包人按照总价合同的计量约定的时间按月向监理人提交进度付款申请单，并附上已完成工程量报表和有关资料。

总价合同按支付分解表支付的，承包人应按照支付分解表及进度付款申请单的编制的约定向监理人提交进度付款申请单。

③其他价格形式合同的进度付款申请单的提交。合同当事人可在专用合同条款中约定其他价格形式合同的进度付款申请单的编制和提交程序。

(4)进度款审核和支付。

①除专用合同条款另有约定外，监理人应在收到承包人进度付款申请单及相关资料后7d内完成审查并报送发包人，发包人应在收到后7d内完成审批并签发进度款支付证书。发包人逾期未完成审批且未提出异议的，视为已签发进度款支付证书。

发包人和监理人对承包人的进度付款申请单有异议的，有权要求承包人修正和提供补充资料，承包人应提交修正后的进度付款申请单。监理人应在收到承包人修正后的进度付款申请单及相关资料后7d内完成审查并报送发包人，发包人应在收到监理人报送的进度付款申请单及相关资料后7d内，向承包人签发无异议部分的临时进度款支付证书。存在争议的部分，按照争议解决的约定处理。

②除专用合同条款另有约定外，发包人应在进度款支付证书或临时进度款支付证书签发后14d内完成支付，发包人逾期支付进度款的，应按照中国人民银行发布的同期同类贷款基准利率支付违约金。

③发包人签发进度款支付证书或临时进度款支付证书，不表明发包人已同意、批准或接受了承包人完成的相应部分的工作。

3. 质量保证金

经合同当事人协商一致扣留质量保证金的,应在专用合同条款中予以明确。在工程项目竣工前,承包人已经提供履约担保的,发包人不得同时预留工程质量保证金。

(1) 承包人提供质量保证金的方式。

① 质量保证金保函。除专用合同条款另有约定外,质量保证金原则上采用此种方式。

② 相应比例的工程款。

③ 双方约定的其他方式。

(2) 质量保证金的扣留。支付工程进度款时逐次扣留,在此情形下,质量保证金的计算基数不包括预付款的支付、扣回及价格调整的金额;除专用合同条款另有约定外,质量保证金的扣留原则上采用此种方式。

① 工程竣工结算时一次性扣留质量保证金;

② 双方约定的其他扣留方式。

发包人累计扣留的质量保证金不得超过工程价款结算总额的3%。如承包人在发包人签发竣工付款证书后28 d内提交质量保证金保函,发包人应同时退还扣留的作为质量保证金的工程价款;保函金额不得超过工程价款结算总额的3%。

发包人在退还质量保证金的同时按照中国人民银行发布的同期同类贷款基准利率支付利息。

(3) 质量保证金的退还。缺陷责任期内,承包人认真履行合同约定的责任,到期后,承包人可向发包人申请返还保证金。

发包人在接到承包人返还保证金申请后,应于14 d内会同承包人按照合同约定的内容进行核实。如无异议,发包人应当按照约定将保证金返还给承包人。对返还期限没有约定或者约定不明确的,发包人应当在核实后14 d内将保证金返还承包人,逾期未返还的,依法承担违约责任。发包人在接到承包人返还保证金申请后14 d内不予答复,经催告后14 d内仍不予答复,视同认可承包人的返还保证金申请。

发包人和承包人对保证金预留、返还及工程维修质量、费用有争议的,按合同约定的争议和纠纷解决程序处理。

❖ **案例解析**

【解析】

(1) 该工程的预付备料款=780×20%=156(万元)。

由起扣点公式可知:起扣点=780-156/60%=520(万元)。

(2) 开工前期3—5月应结算的工程款,按计算公式计算结果见表3-1-2。

表3-1-2 3—5月应结算的工程款   万元

月份	三月	四月	五月
完成产值	95	130	175
当月应付工程款	95	130	175
累计完成的产值	95	225	400

三、四、五月份累计完成的产值均未超过起扣点(520万元),故无须抵扣工程预付备料款。

六月份累计完成的产值＝400＋210＝610(万元)＞起扣点(520万元)

故从六月份开始应从工程进度款中抵扣工程预付的备料款。

六月份应抵扣的预付备料款＝(610－520)×60％＝54(万元)

六月份应结算的工程款＝210－54＝156(万元)

(3)七月办理竣工结算的前提是竣工验收报告被批准。

工程尾期进度款结算：

应扣保留金＝780×5％＝39(万元)

七月份办理竣工结算时,应结算的工程尾款为

工程尾款＝170×(1－60％)－39＝29(万元)

由上述计算结果可知：各月累计结算的工程进度款＝95＋130＋175＋156＋29＝585(万元)，再加上工程预付备料款156万元和保留金39万元，共计780万元。

Part2　任务单

任务单：某施工单位承包某内资工程项目，甲乙双方签订的关于工程价款的合同内容有：(1)建筑安装工程造价660万元，主要材料费占施工产值的比重为60％；(2)预付备料款为建筑安装工程造价的20％；(3)工程进度款逐月计算；(4)工程保修金为建筑安装工程造价的5％，保修期半年；(5)材料价差调整按规定进行(按有关规定上半年材料价差上调10％，在六月份一次增拨)。

各月实际完成产值：四月55万元；五月110万元；六月165万元；七月220万元；八月110万元。

任务单	
任务完成环境	该工程的预付备料款、起扣造价是多少，各月应付的工程进度款为多少？若工程在保修期间发生屋面漏水，发包人多次催促承包人修理，承包人一再拖延，最后发包人另请施工单位修理，修理费用为1.5万元，该费用如何处理？ 1. 场地：教室； 2. 工具：计算器； 3. 工具书：建设工程施工合同(示范文本)
任务完成时间	0.5 h
任务完成结果	各月进度款的支付情况
任务要求	1. 小组成员协调配合； 2. 数值计算准确； 3. 成果完成速度
任务重点	1. 计算准确； 2. 环节完整
任务反馈	

> **知识拓展**

造价工程师

造价工程师是通过全国造价工程师执业资格统一考试或资格认定、资格互认,取得中华人民共和国造价工程师执业资格,并按照《注册造价工程师管理办法》注册,取得中华人民共和国造价工程师注册执业证书和执业印章,从事工程造价活动的专业人员。

造价工程师由国家授予资格并准予注册后执业,专门接受某个部门或某个单位的指定、委托或聘请,负责并协助其进行工程造价的计价、定价及管理业务,以维护其合法权益的工程经济专业人员。国家在工程造价领域实施造价工程师执业资格制度。凡是从事工程建设活动的建设、设计、施工、工程造价咨询、工程造价管理等单位和部门,必须在计价、评估、审查(核)、控制及管理等岗位配套有造价工程师执业资格的专业技术人员。

3.1.2 合同价款的调整

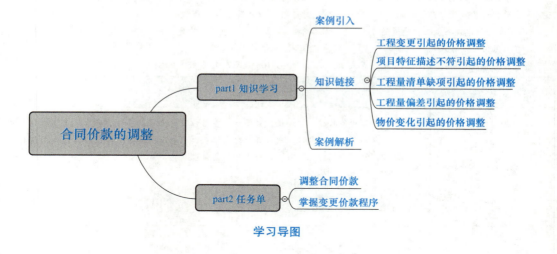

学习导图

Part1 知识学习

❖ 案例引入

【案例】 某新建住宅楼工程,建筑面积为 43 200 m²,砖混结构,投资额为 25 910 万元。建设单位自行编制了招标工程量清单等招标文件,其中部分条款内容为:本工程实行施工总承包模式,承包范围为土建、水电安装、内外装修及室外道路和小区园林景观,施工质量标准为合格;工程款按每月完成工程量的 80% 支付,保修金为总价的 5%,招标控制价为 25 000 万元,工期自 2019 年 7 月 1 日起至 2020 年 9 月 30 日止,工期为15个月，园林景观由建设单位指定专业分包单位施工。

某施工总承包单位按市场价格计算为25 200万元，为确保中标最终以23 500万元作为投标价。经公开招标投标，该总承包单位中标，双方签订了工程施工总承包合同A，并上报住房城乡建设主管部门。建设单位因资金紧张，提出工程款支付比例修改为按每月完成工程量的70%支付，并提出今后在同等条件下该施工总承包单位可以优先中标的条件，施工总承包单位同意了建设单位这一要求，双方据此重新签订了施工总承包合同B，约定照此执行。内装修施工前，项目经理部发现建设单位提供的工程量清单中未包括一层公共区域楼地面面层子目，铺贴面积为1 200 m²。因招标工程量清单中没有类似子目，于是项目经理部按照市场价格信息重新组价，综合单价为1 200元/m²。经现场专业监理工程师审核后上报建设单位。

【分析】

1. 招标单位应对哪些招标工程量清单总体要求负责？除工程量清单漏项外，还有哪些情况允许调整招标工程量清单所列工程量？

2. 依据本合同原则计算一层公共区域楼地面面层的综合单价（单位：元/m²）及总价（单位：元，保留小数点后两位）分别是多少？

知识链接

工程在建设过程中，发、承包双方在履行合同的过程中，随着国家相关政策的变化及工程造价管理部门发布的工程造价调整文件的要求，工程进展中发生的意外等，均导致工程价款要进行调整。

1. 工程变更引起的价格调整

(1)工程变更引起已标价工程量清单项目或其工程数量发生变化，应按照下列规定调整：

①已标价工程量清单中有适用于变更工程项目的，采用该项目的单价；但当工程变更导致该清单项目的工程数量发生变化，且工程量偏差超过15%，此时，该项目单价的调整应按照相关规定调整。

②已标价工程量清单中没有适用、但有类似于变更工程项目的，可在合理范围内参照类似项目的单价。

③已标价工程量清单中没有适用也没有类似于变更工程项目的，由承包人根据变更工程资料、计量规则和计价办法、工程造价管理机构发布的信息价格和承包人报价浮动率提出变更工程项目的单价，报发包人确认后调整。承包人报价浮动率可按下列公式计算：

招标工程：
$$承包人报价浮动率 L=(1-中标价/招标控制价)\times 100\%$$

非招标工程：
$$承包人报价浮动率 L=(1-报价值/施工图预算)\times 100\%$$

④已标价工程量清单中没有适用也没有类似于变更工程项目，且工程造价管理机构发布的信息价格缺价的，由承包人根据变更工程资料、计量规则、计价办法和通过市场调查等取得有合法依据的市场价格提出变更工程项目的单价，报发包人确认后调整。

(2)工程变更引起施工方案改变，并使措施项目发生变化的，承包人提出调整措施项目费的，应事先将拟实施的方案提交发包人确认，并详细说明与原方案措施项目相比的变化情况。拟实施的方案经发、承包双方确认后执行。该情况下，应按照下列规定调整措施项目费：

①安全文明施工费，按照实际发生变化的措施项目调整。

②采用单价计算的措施项目费，按照实际发生变化的措施项目按相关规定确定单价。

③按总价（或系数）计算的措施项目费，按照实际发生变化的措施项目调整，但应考虑承包人报价浮动因素，即调整金额按照实际调整金额乘以承包人报价浮动率计算。

如果承包人未事先将拟实施的方案提交给发包人确认，则视为工程变更不引起措施项目费的调整或承包人放弃调整措施项目费的权利。

2. 项目特征描述不符引起的价格调整

(1)承包人在招标工程量清单中对项目特征的描述，应被认为是准确的和全面的，并且与实际施工要求相符合。承包人应按照发包人提供的工程量清单，根据其项目特征描述的内容及有关要求实施合同工程，直到其被改变为止。

(2)合同履行期间，出现实际施工设计图纸（含设计变更）与招标工程量清单任一项目的特征描述不符，且该变化引起该项目的工程造价增减变化的，应按照实际施工的项目特征重新确定相应工程量清单项目的综合单价，计算调整的合同价款。

3. 工程量清单缺项引起的价格调整

(1)合同履行期间，出现招标工程量清单项目缺项的，发、承包双方应调整合同价款。

(2)招标工程量清单中出现缺项，造成新增工程量清单项目的，应按照工程变更价格调整的相关规定确定单价，调整分部分项工程费。

(3)由于招标工程量清单中分部分项工程出现缺项，引起措施项目发生变化的，应按照工程变更价格调整规定，在承包人提交的实施方案被发包人批准后，计算调整的措施费用。

4. 工程量偏差引起的价格调整

对于任一招标工程量清单项目，如果因工程量偏差和工程变更等原因导致工程量偏差超过15%且符合调整的条件，调整的原则为：当工程量增加15%以上时，其增加部分的工程量的综合单价应予调低；当工程量减少15%以上时，减少后剩余部分的工程量的综合单价应予调高。

如果工程量出现变化，引起相关措施项目相应发生变化，如按系数或单一总价方式计价的，工程量增加的措施项目费调增，工程量减少的措施项目费适当调减。

5. 物价变化引起的价格调整

若市场价格发生变化超过规定幅度时，工程价款应该调整。调整方法应按合同约定，如合同没有约定或约定不明确的，可按以下规定执行：

(1)人工单价发生变化时，发、承包双方应按省级或行业建设主管部门或其授权的工程造价管理机构发布的人工成本文件调整工程价款。

(2)材料价格变化超过省级和行业建设主管部门或其授权的工程造价管理机构规定的幅度时应当调整，承包人应在采购材料前将采购数量和新的材料单价报发包人核对，确认用于本合同工程时，发包人应确认采购材料的数量和单价。发包人在收到承包人报送的确认资料后3个工作日不予答复的视为已经认可,作为调整工程价款的依据。如果承包人未报送发包人核对即自行采购材料,再报发包人确认调整工程价款的,如发包人不同意,则不作调整。

❖ 案例解析

【解析】
(1)招标工程量清单必须作为招标文件的组成部分,其准确性和完整性由招标人负责。

(2)除工程量清单漏项外,法律法规发生变化时也可以进行调整。

(3)承包人报价浮动率$L=(1-$中标价/招标控制价$)\times 100\%=(1-23\,500/25\,000)\times 100\%=6\%$。

所以,一层公共区域楼地面面层的综合单价$=1\,200\times(1-L)=1\,200\times(1-6\%)=1\,128$(元)。

所以,一层公共区域楼地面面层的总价$=1\,200\times1\,128=135.36$(万元)。

Part2 任务单

任务单:某5层商住楼,总建筑面积为$8\,500\,\text{m}^2$,框架结构。通过公开招标,业主分别与承包商、监理单位签订了工程施工合同、委托监理合同。工程开、竣工时间分别为当年4月1日和12月25日。承、发包双方在专用条款中,对工程变更、工程计量、合同价款的调整及工程款的支付等都作了规定。约定采用工程量清单计价,工程量增减的约定幅度为10%。

对变更合同价款确定的程序规定如下:

(1)工程变更发生后7d内,承包方应提出变更估价申请,经工程师确认后,调整合同价款。

(2)若工程变更发生后7d内,承包商不提出变更估价申请,则视为该变更不涉及价款变更。

(3)工程师自收到变更价款报告之日起7d内应对此予以确认。若无正当理由不确认时,自报告送达之日起14d后报告自动生效。承包人在5月13日进行工程量统计时,发现原工程量清单漏项1项;局部基础形式发生变更1项;相应地,有2项清单项目工程量减少在5%以内,工程量比清单项目超过6%的2项,超过10%的1项,当即向工程师提出了变更报告。工程师在5月14日确认了该三项变更。5月20日向工程师提出了变更工程价款的报告,工程师在5月25日确认了承包人提出的变更价款报告。

1. 从确定合同价格的方式看,本例合同属于哪一类?
2. 合同中所述变更价款的程序规定有何不妥之处?应该怎样处理?
3. 按照《建设工程工程量清单计价规范》(GB 50500—2013)的规定,当工程量发生变更时,如何调整相应单价?

	任务单
任务完成环境	根据相关信息,做出解答。 1. 场地:教室。 2. 工具书:①《建设工程施工合同(示范文本)》(GF—2017—0201)。 ②《建设工程工程量清单计价规范》(GB 50500—2013)
任务完成时间	20 min
任务完成结果	完成上述问题

续表

任务要求	1. 按照相关规定，回答完整； 2. 小组成员协调配合
任务重点	回答完整
任务反馈	

项目 3.2　竣工决算

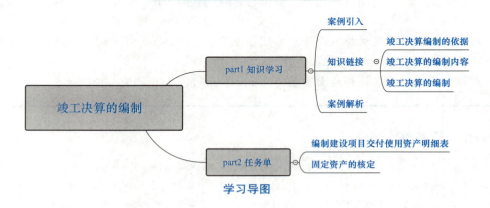

学习导图

Part1　知识学习

❖ 案例引入

【案例】　某建设单位拟编制某工业生产项目的竣工决算。该建设项目包括 A、B 两个主要生产车间和 C、D、E、F 四个辅助生产车间及若干附属办公、生活建筑物。在建设期内，各单项工程竣工结算数据见表 3-2-1。工程建设其他投资完成情况如下：支付行政划拨土地的土地征用及迁移费 500 万元，支付土地使用权出让金 700 万元；建设单位管理费 400 万元（其中 300 万元构成固定资产）；勘察设计费 340 万元；专利费 70 万元；非专利技术费 30 万元；获得商标权 90 万元；生产职工培训费 50 万元；报废工程损失 20 万元；生产线试运转支出 20 万元，试生产产品销售款 5 万元。

表 3-2-1　项目竣工决算数据表　　　　　　　　　　万元

项目名称	建筑工程	安装工程	需安装设备	不需安装设备	生产工器具	
					总额	达到固定资产标准
A 生产车间	1 800	380	1 600	300	130	80
B 生产车间	1 500	350	1 200	240	100	60
辅助生产车间	2 000	230	800	160	90	50
附属建筑	700	40		20		
合计	6 000	1 000	3 600	720	320	190

> 【分析】
> 1. 什么是建设项目竣工决算？竣工决算包括哪些内容？
> 2. 编制竣工决算的依据有哪些？
> 3. 如何进行竣工决算的编制？
> 4. 试确定A生产车间的新增固定资产价值。
> 5. 试确定该建设项目的固定资产、流动资产、无形资产和递延资产价值。

❖ 知识链接

竣工决算是以实物数量和货币指标为计量单位，综合反映竣工项目从筹建开始到项目竣工交付使用为止的全部建设费用、建设成果和财务情况的总结性文件，是竣工验收报告的重要组成部分。

1. 竣工决算编制的依据

(1) 经批准的可行性研究报告及其投资估算书；
(2) 经批准的初步设计或扩大初步设计及其概算或修正概算书；
(3) 经批准的施工图设计及其施工图预算书；
(4) 设计交底或图纸会审会议纪要；
(5) 招标投标的标的、承包合同、工程结算资料；
(6) 施工记录或施工签证单及其他施工发生的费用记录，如索赔报告与记录、停（交）工报告等；
(7) 竣工图及各种竣工验收资料；
(8) 历年基建资料、历年财务决算及批复文件；
(9) 设备、材料调价文件和调价记录；
(10) 有关财务核算制度，办法和其他有关资料、文件等。

2. 竣工决算的编制内容

(1) 竣工财务决算说明书。竣工财务决算说明书综合反映竣工工程建设成果和经验，是全面考核分析工程投资与造价的书面总结，是竣工决算报告的重要组成部分。其主要内容包括以下几项：
① 建设项目概况。
② 会计账务的处理、财产物资情况及债权债务的清偿情况。
③ 资金节余、基建结余资金等的上交分配情况。
④ 主要技术经济指标的分析、计算情况。
⑤ 基本建设项目管理及决算中存在的问题、建议。
⑥ 需说明的其他事项。
(2) 建设项目竣工财务决算报表。
① 建设项目财务决算审批表。大、中、小型建设项目竣工决算均要填报此表，见表3-2-2。

表 3-2-2　建设项目竣工财务决算审批表

建设项目法人(建设单位)		建设性质	
建设项目名称		主管部门	

开户银行意见：

盖章
年　月　日

专员办审批意见：

盖章
年　月　日

主管部门或地方财政部门审批意见：

盖章
年　月　日

②大、中型建设项目概况表。表 3-2-3 用来反映建设项目总投资、基建投资支出、新增生产能力、主要材料消耗和主要技术经济指标等方面的设计或概算数与实际完成数的情况。

表 3-2-3　大、中型建设项目概况表

建设项目（单项工程）名称							项目	概算	实际	主要指标
		建设地址								
主要设计单位		主要施工企业					建筑安装工程			
占地面积	计划	实际	总投资/万元	设计		实际	基建支出单位	设备工具器具		
				固定资产	流动资金	固定资产	流动资金				
								待摊投资 其中：建设单位管理费		
新增生产能力	能力（效益）名称	设计		实际				其他投资		
建设起止时间							待核销基建支出			
设计概算批准文号	设计	从　年　月开工至　年　月竣工					非经营项目转出投资			
	实际	从　年　月开工至　年　月竣工					合计			
完成主要工程量							主要材料消耗	名称		
								钢材		
								木材		
首尾工程	建筑面积/m²		设备/台（套或吨）				主要技术经济指标	水泥		
	设计	实际	设计	实际						
	工程内容		投资额单位	完成时间						

③大、中型建设项目竣工财务决算表。表 3-2-4 是用来反映建设项目的全部资金来源和资金占用（支出）情况，是考核和分析投资效果的依据。该表采用平衡表形式，即资金来源合计等于资金占用（支出）合计。

表 3-2-4　大、中型建设项目竣工财务决算表

资金来源	金额	资金占用	金额	补充资料
一、基建拨款		一、基本建设支出		1. 基建投资借款期末余额
1. 预算拨款		1. 交付使用资产		
2. 基建基金拨款		2. 在建工程		2. 应收生产单位投资借款期末数
3. 进口设备转账拨款		3. 待核销基建支出		
4. 器材转账拨款		4. 非经营项目转出投资		3. 基建结余资金
5. 煤代油专用基金拨款		二、应收生产单位投资借款		
6. 自筹资金拨款		三、拨付所属投资借款		
7. 其他拨款		四、器材		
二、项目资本		其中：待处理器材损失		
1. 国家资本		五、货币资金		
2. 法人资本		六、预付及应收款		
3. 个人资本		七、有价证券		
三、项目资本公积		八、固定资产		
四、基建借款		固定资产原值		
五、上级拨入投资借款		减：累计折旧		
六、企业债券资金		固定资产净值		
七、待冲基建支出		固定资产清理		
八、应付款		待处理固定资产损失		
九、未交款				
1. 未交税金				
2. 未交基建收入				
3. 未交基建包干节余				
4. 其他未交款				
十、上级拨入资金				
十一、留成收入				
合计		合计		

④大、中型建设项目交付使用资产总表。表 3-2-5 反映了建设项目建成交付使用新增固定资产、流动资产、无形资产和递延资产的全部情况及价值，作为财产交接、检查投资计划完成情况和分析投资效果的依据。

表 3-2-5　大、中型建设项目交付使用资产总表

单项工程项目名称	总计	固定资产					流动资产	无形资产	递延资产
		建筑工程	安装工程	设备	其他	合计			
1	2	3	4	5	6	7	8	9	10

交付单位盖章　　　　　　　　　　年　月　日　　　　接收单位盖章　　　年　月　日

⑤建设项目交付使用资产明细表。表 3-2-6 为建设项目交付使用资产明细表,大、中型和小型建设项目均要填列此表。该表是交付使用财产总表的具体化,反映交付使用固定资产、流动资产、无形资产和递延资产的详细内容,是使用单位建立资产明细账和登记新增资产价值的依据。

表 3-2-6　建设项目交付使用资产明细表

单项工程项目名称	建筑工程			设备、工具、器具、家具						流动资产		无形资产		递延资产	
	结构	面积/m²	价值	名称	规格型号	单位	数量	价值/元	设备安装费/元	名称	价值/元	名称	价值/元	名称	价值/元
合计															

交付单位盖章　　　　　　　　　　　　年　月　日　　　　接收单位盖章　　　　年　月　日

⑥小型建设项目竣工财务决算总表。表 3-2-7 是由大、中型建设项目概况表与竣工财务决算表合并而成的,主要反映小型建设项目的全部工程和财务情况。

表 3-2-7　小型建设项目竣工财务决算总表

建设项目名称				建设地址			资金来源		资金运用	
							项目	金额/元	项目	金额/元
初步设计概算批准文号							一、基建拨款 其中: 预算拨款		一、交付使用资产	
占地面积	计划	实际	总投资/万元	计划		实际			二、待核销基建支出	
				固定资产	流动资金	固定资产	流动资金		二、项目资本		
									三、非经营性项目转出投资	
							三、项目资本公积			
新增生产能力	能力(效益)名称	设计		实际			四、基建借款		四、应收生产单位投资借款	
							五、上级拨入借款			

续表

建设项目名称				建设地址		资金来源		资金运用	
						项目	金额/元	项目	金额/元
建设起止时间	计划		从 年 月开工至 年 月竣工			六、企业债券资金		五、拨付所属投资借款	
	实际		从 年 月开工至 年 月竣工			七、待冲基建支出		六、器材	
基建支出	项目		概算/元		实际/元	八、应付款		七、货币资金	
	建筑安装工程					九、未交款其中：未交基建收入、未交包干收入		八、预付及应收款	
	设备、工具、器具							九、有价证券	
	待摊投资其中：建设单位管理费					十、上级拨入资金		十、原有固定资产	
	其他投资					十一、留成收入			
	待核销基建支出								
	非经营性项目转出投资								
	合计					合计		合计	

（3）建设工程竣工图。建设工程竣工图是真实地记录各种地上、地下建筑物、构筑物等情况的技术文件，是工程进行交工验收、维护、改建和扩建的依据，是国家的重要技术档案。各项新建、扩建、改建的基本建设工程，特别是基础、地下建筑、管线、结构、井巷、桥梁、隧道、港口、水坝及设备安装等隐蔽部位，都要编制竣工图。为确保建设工程竣工图的质量，必须在施工过程中（不能在竣工后）及时做好隐蔽工程检查记录，整理好设计变更文件。其具体要求如下：

①绘制建设工程竣工图的主要依据是原设计图、施工期间的补充图、工程变更洽商记录、质量事故分析处理记录和地基基础验槽时的隐蔽工程验收记录。所以，绘制前必须将上述资料搜集齐全，对虽已变更做法但未办洽商的项目补办洽商。

②凡按图施工没有变动的，则由施工单位在原施工图上加盖"竣工图"标志后，即作为竣工图。

③凡在施工中，虽有一般性设计变更，但设计的变更量和幅度都不大，能将原施工图加以修改补充作为竣工图的，可不重新绘制；由承包商负责在原施工图（必须是新蓝图）上注明修改部分，并附以设计变更通知单和施工说明，加盖"竣工图"标志后，即作为竣工图。

④如果设计变更的内容很多，或是改变平面布置、改变工艺、改变结构形式等重大的修改，就必须重新绘制竣工图。由于设计原因造成的，则由设计单位负责重新绘制；由于施工原因造成的，则由施工单位负责绘制；由于其他原因造成的，则由建设单位自行绘制或委托设计单位绘制，施工单位负责在新图上加盖"竣工图"标志，并附以记录和说明，作为竣工图。

⑤改建或扩建的工程，如果涉及原有建筑工程并使原有工程的某些部分发生工程变更者，应把与原工程有关的竣工图资料加以整理，并在原工程档案的竣工图上增补变更情况和必要的说明。

（4）竣工工程造价比较分析。竣工决算是用来综合反映竣工建设项目或单项工程的建设成果和财务情况的总结性文件。在竣工决算报告中必须对控制工程造价所采取的措施、效果及其动态的变化进行认真的比较分析，总结经验教训。批准的概算是考核建设工程造价的依据，在分析时，可将决算报表中所提供的实际数据和相关资料与批准的概算、预算指标进行对比，以确定竣工项目总造价是节约还是超支，在对比的基础上，总结先进经验，找出落后原因，提出改进措施。

为考核概算执行情况，正确核实建设工程造价，首先，财务部门必须积累概算动态变化资料（如材料价差、设备价差、人工价差、费率价差等）和设计方案变化，以及对工程造价有重大影响的设计变更资料；其次，考查竣工形成的实际工程造价节约或超支的数额，为了便于进行比较，可先对比整个项目的总概算，之后对比工程项目（或单项工程）的综合概算和其他工程费用概算；最后再对比单位工程概算，并分别将建筑安装工程、设备、工器具购置和其他基建费用逐一与项目竣工决算编制的实际工程造价进行对比，找出节约或超支的具体环节。在实际工作中，应主要分析以下内容：

①主要实物工程量。概（预）算编制的主要实物工程数量的增减变化必然使工程的概（预）算造价和实际工程造价随之产生变化。因此，在对比分析中，应审查项目的建设规模、结构、标准是否遵循设计文件的规定，其间的变更部分是否按照规定的程序办理，对造价的影响如何，对于实物工程量出入比较大的情况，必须审查原因。

②主要材料消耗量。在建筑安装工程投资中材料费用所占的比重往往很大，因此，考核材料费用也是考核工程造价的重点，考核主要材料消耗量，要按照竣工决算表中所列明的三大材料实际超概算的消耗量，查清楚在工程的哪一个环节超出量最大，再进一步查明超量的原因。

③考核建设单位管理费、建筑及安装工程费的取费标准。概（预）算对建设单位管理费列有投资控制额，对其进行考核，要根据竣工决算报表中所列的建设单位管理费与概（预）算所列的控制额比较，确定其节约或超支数额，并进一步查清楚节约或超支的原因。

④对于建筑及安装工程费的取费标准，国家有明确规定。对突破概（预）算投资的各单位工程，要查清楚是否有超过规定的标准而重计、多取间接费的现象。

以上考核内容，都是易于突破概算、增大工程造价的主要因素，因此，要在对比分析中列为重点去考核。在对具体项目进行具体分析时，究竟选择哪些内容作为考核重点，则应因地制宜，依竣工项目的具体情况而定。

3. 竣工决算的编制

（1）竣工决算的原始资料：

①工程竣工报告和工程验收单。

②工程合同和有关规定。

③经审批的施工图预算。
④经审批的补充修正预算。
⑤预算外费用现场签证。
⑥材料、设备和其他各项费用的调整依据。
⑦以前的年度结算,当年结转工程的预算。
⑧有关定额费用调整的补充规定。
⑨建设设计单位修改或变更设计的通知单。
⑩建设单位、施工单位会签的图纸会审记录。
⑪隐蔽工程检查验收记录。

(2)编制竣工决算的有关规定:
①竣工决算应在竣工项目办理验收使用一个月之内完成。
②由建设单位编制竣工决算上报主管部门,其中有关财务成本部分,应送开户银行备查、签证。
③每项工程完工后,施工单位在向建设单位提出有关技术资料和竣工图纸,办理交工验收的同时应编制工程决算,办理财务结算。
④施工单位应该负责提供给建设单位编制竣工决算所需施工资料。
⑤竣工决算的内容按大、中型和小型建设项目分别制定。

(3)竣工决算的编制方法与步骤。根据经审定的竣工结算等原始资料,对原概预算进行调整,重新核定各单项工程和单位工程造价。属于竣工项目固定资产价值的其他投资,如建设单位管理费、研究试验费、土地征用及拆迁补偿费等,应分摊于受益工程,随同受益工程交付使用的同时,一并计入竣工项目固定资产价值。竣工决算的编制,主要就是进行竣工决算报表的编制、竣工决算报告说明书的编制等工作。其具体步骤如下:

①收集、整理、分析原始资料。从工程开始就按编制依据的要求,收集、清点、整理有关资料,主要包括建设项目档案资料,如设计文件、施工记录、上级批文、概(预)算文件、工程结算的归集整理,财务处理、财产物资的盘点核实及债权债务的清偿,做到账表相符。对各种设备、材料、工具、器具等要逐项盘点核实并填列清单,妥善保管,或按照国家有关规定处理,不准任意侵占和挪用。

②对照、核实工程变动情况,重新核实各单位工程、单项工程造价。将竣工资料与原设计图纸进行查对、核实,必要时,可实地测量,确认实际变更情况;根据经审定的施工单位竣工结算等原始资料,按照有关规定对原概(预)算进行增减调整,重新核定工程造价。

③经审定的待摊投资、其他投资、待核销基建支出和非经营项目的转出投资,按照国家的规定严格划分和核定后,分别计入相应的基建支出(占用)栏目内。

④编制竣工财务决算说明书。按要求编制,力求内容全面、简明扼要、文字流畅、说明问题。

⑤认真填报竣工财务决算报表。
⑥认真做好工程造价对比分析。
⑦清理、装订好竣工图。
⑧按国家规定上报审批,存档。

4. 竣工项目资产核定

竣工决算是办理交付使用财产价值的依据。正确核定竣工项目资产的价值,不但有利于建设项目交付使用以后的财务管理，而且可以为建设项目进行经济后评估提供依据。

根据财务制度规定，竣工项目资产是由各个具体的资产项目构成的，按其经济内容的不同，可以将企业的资产划分为固定资产、流动资产、无形资产、递延资产和其他资产。资产的性质不同，其计价方法也不同。

(1) 固定资产价值的确定。

①固定资产的内容。竣工项目固定资产又称新增固定资产、交付使用的固定资产，是投资项目竣工投产后所增加的固定资产价值，是以价值形态表示的固定资产投资最终成果的综合性指标。

竣工项目资产价值的内容包括以下几项：

a. 已经投入生产或交付使用的建筑安装工程价值。

b. 达到固定资产标准的设备工器具的购置价值。

c. 增加固定资产价值的其他费用，如建设单位管理费、施工机构转移费、报废工程损失、项目可行性研究费、勘察设计费、土地征用及迁移补偿费、联合试运转费等。

从微观角度考虑，竣工项目固定资产是工程建设项目最终成果的体现，因此，核定竣工项目固定资产的价值，分析其完成情况，是加强工程造价全过程管理工作的重要方面。从宏观角度考虑，竣工项目固定资产意味着国民资产的增加，它不仅可以反映出固定资产再生产的规模与速度，同时，也可以据此分析国民经济各部门的技术构成变化及相互间适应的情况。因此，竣工项目固定资产也可以作为计算投资经济效果指标的重要数据。

②竣工项目固定资产价值的计算。竣工项目固定资产价值的计算是以独立发挥生产能力的单项工程为对象的，当单项工程建成，经有关部门验收鉴定合格，正式移交生产或使用，即应计算竣工项目固定资产价值。一次性交付生产或使用的工程，应一次性计算竣工项目固定资产价值；分期分批交付生产或使用的工程，应分期分批计算竣工项目固定资产价值。

a. 在计算中应注意以下几种情况：

ⓐ对于为了提高产品质量、改善劳动条件、节约材料消耗、保护环境而建设的附属辅助工程，只要全部建成，正式验收或交付使用，就要计入竣工项目固定资产价值。

ⓑ对于单项工程中不构成生产系统但能独立发挥效益的非生产性工程，如住宅、食堂、医务所、托儿所、生活服务网点等，在建成并交付使用后，也要计算竣工项目固定资产价值。

ⓒ凡购置达到固定资产标准不需安装的设备、工器具，应在交付使用后，计入竣工项目固定资产价值。

ⓓ属于竣工项目固定资产价值的其他投资，应随同受益工程交付使用的同时一并计入。

b. 交付使用财产成本，应按下列内容计算：

ⓐ房屋、建筑物、管道线路等固定资产的成本包括：建筑工程成本；应分摊的待摊投资。

ⓑ动力设备和生产设备等固定资产的成本包括：需要安装设备的采购成本；安装工程成本；设备基础支柱等建筑工程成本或砌筑锅炉及各种特殊炉的建筑工程成本；应分摊的待摊投资。

ⓒ运输设备及其他不需要安装设备、工具、器具、家具等固定资产，一般仅计算采购成本，不分摊"待摊投资"。

c. 待摊投资的分摊方法。竣工项目固定资产的其他费用，如果是属于整个建设项目或两个以上的单项工程的，在计算竣工项目固定资产价值时，应在各单项工程中按比例分摊。分摊时，对工程应负担的费用又有具体的规定。一般情况下，建设单位管理费按建筑工程、安装工程、需安装设备价值总额等按比例分摊，而土地征用费、勘察设计费等费用则只按建筑工程价值分摊。

（2）流动资产价值的确定。流动资产是指可以在一年内或超过一年的一个营业周期内变现或运用的资产。其包括现金及各种存款、存货、应收及预付款项等。在确定流动资产价值时，应注意以下几种情况：

①货币性资金，即现金、银行存款及其他货币资金，根据实际入账价值核定。

②应收及预付款项包括应收票据、应收账款、其他应收款、预付货款和待摊费用。一般情况下，应收及预付款项按企业销售商品、产品或提供劳务时的实际成交金额入账核算。

③各种存货应当按照取得时的实际成本计价。存货的形成，主要有外购和自制两个途径。外购的按照买价加运输费、装卸费、保险费、途中合理损耗、入库前加工整理及挑选费用与缴纳的税金等计价；自制的按照制造过程中的各项实际支出计价。

（3）无形资产价值的确定。无形资产是指企业长期使用但是没有实物形态的资产。其包括专利权、商标权、著作权、土地使用权、非专利技术商誉等。无形资产的计价，原则上应按取得时的实际成本计价。企业取得无形资产的途径不同，所发生的支出也不同，无形资产的计价也不同。

①无形资产的计价原则。财务制度规定按下列原则来确定无形资产的价值：

a. 投资者将无形资产作为资本金或合作条件投入的，按照评估确认或合同协议约定的金额计价。

b. 购入的无形资产，按照实际支付的价款计价。

c. 企业自创并依法申请取得的，按开发过程中的实际支出计价。

d. 企业接受捐赠的无形资产，按照发票账单所持金额或同类无形资产市价作价。

②无形资产的计价方式。

a. 专利权的计价。专利权可分为自创和外购两类。对于自创专利权，其价值为开发过程中的实际支出，主要包括专利的研究开发费用、专利登记费用、专利年费和法律诉讼费等。专利转让时（包括购入和卖出），其费用主要包括转让价格和手续费。由于专利是具有专有性并能带来超额利润的生产要素，因而，其转让价格不按成本估价，而是依据其所能带来的超额收益来估价。

b. 非专利技术的计价。如果非专利技术是自创的，一般不得作为无形资产入账，自创过程中发生的费用，财务制度允许作当期费用处理，这是因为非专利技术自创时难以确定是否成功，这样处理符合稳健性原则。购入非专利技术时，应由法定评估机构确认后再进一步估价，往往通过其产生的收益来进行估价，其基本思路同专利权的计价方法。

c. 商标权的计价。如果是自创的，尽管商标设计、制作、注册和保护、宣传广告都要花费一定的费用，但它们一般不作为无形资产入账，而是直接作为销售费用计入当期损益。只有当企业购入和转让商标时，才需要对商标权计价。商标权的计价一般根据被许可方新增的收益来确定。

d. 土地使用权的计价。根据取得土地使用权的方式有两种情况：第一种是建设单位向土地管理部门申请土地使用权，通过出让方式支付一笔出让金后取得有限期的土地使用权，在这种情况下，应作为无形资产进行核算；第二种情况是建设单位获得土地使用权是原先通过行政划拨的，这时就不能作为无形资产核算，只有在将土地使用权有偿转让、出租、抵押、作价入股和投资，按规定补交土地出让价款时，才作为无形资产核算。

无形资产计价入账后,其价值应从受益之日起,在有效使用期内分期摊销,也就是说,企业为无形资产支出的费用应在无形资产的有效期内得到及时补偿。

(4)递延资产价值和其他资产的确定。递延资产是指不能全部计入当年损益,应当在以后年度内分期摊销的各项费用,包括开办费、租入固定资产的改良支出等。

❖ 案例解析

【解析】

问题1~3可查知识链接中相关内容。

问题4:A生产车间的新增固定资产价值:

$(1\,800+380+1\,600+300+80)+[(1\,800+380+1\,600)/(6\,000+1\,000+3\,600)\times 300]+[1\,800/6\,000\times(500+340+20+20-5)]=4\,160+106.98+262.5=4\,529.48$(万元)

问题5:

(1)固定资产价值:

$(6\,000+1\,000+3\,600+720+190)+(500+300+340+20+20-5)=11\,510+1\,175=12\,685$(万元)

(2)流动资产价值:

$$320-190=130(万元)$$

(3)无形资产价值:

$$700+70+30+90=890(万元)$$

(4)递延资产价值:

$$(400-300)+50=150(万元)$$

Part2 任务单

任务单:编制曙光新苑竣工决算

编制工程竣工决算任务单	
任务完成环境	根据曙光新苑的相关数据,编制曙光新苑住宅楼固定资产价值。 1. 场地:教室。 2. 工具:计算器
任务完成时间	1 d
任务完成结果	1. 建设项目交付使用明细表; 2. 分摊建设单位单位管理费; 3. 分摊土地征用费; 4. 分摊勘察设计费; 5. 11号楼固定资产价值
任务要求	相关数据由任课教师给定
任务重点	固定资产核定
任务反馈	

附　录

附录1　曙光新苑招标工程量清单实例

附表1　工程量清单封面

曙光新苑建筑与装饰工程

招标工程量清单

招　标　人：_____
（单位盖章）

造价咨询人：_____
（单位盖章）

年　月　日

附表2　工程量清单扉页

曙光新苑建筑与装饰工程

招标工程量清单

招 标 人：_____　　　　造价咨询人：_____
　　　　　　（单位盖章）　　　　　　　　　　　　（单位盖章）

法定代表人　　　　　　　　　　　　　法定代表人
或其授权人：_____　　　或其授权人：_____
　　　　　　（签字或盖章）　　　　　　　　　　　（签字或盖章）

编 制 人：_____　　　　复 核 人：_____
　　　　　（签字或盖章）　　　　　　　　　　　（签字或盖章）

编制时间：　年　月　日　　　　　　　复核时间：　年　月　日

附表3　总说明

项目名称：曙光新苑工程　　　　　　　　　　　　　　　　　　　　　　第1页共1页

工程名称：曙光新苑工程

一、工程概况

曙光新苑工程，总建筑面积约为3 883.46 m^2。主要结构形式为框架结构。抗震设防烈度为7度。基础形式人工挖孔灌注桩。标高－2.190 m以下的砌体为M5水泥砂浆砌筑的MU10实心砖，标高－2.190 m以上砌体为M5.0混合砂浆砌筑的轻集料混凝土砌块。屋面防水采用聚乙烯丙纶防水层，保温采用阻燃型聚苯保温板。

二、编制范围

施工图纸范围内的所有内容。

三、编制依据

1.《建设工程工程量清单计价规范》(GB 50500—2013)和辽宁省《房屋建筑与装饰工程定额》(2017)、辽宁省《建筑工程费用标准》(2017)及相关的配套文件等计价标准。

2. 所有调差材料参考辽宁省工程造价信息，对于工程造价信息没有发布价格信息的材料，其价格参照市场价(不含税)计入。

3. 建设单位提供的答疑、图纸会审、统一调整事项、设计变更。

四、特殊事项说明

附表4　分部分项工程和单价措施项目清单与计价表

工程名称：曙光新苑工程　　　　　　　　　标段：　　　　　　　　　　第　页共　页

序号	项目编码	项目名称	项目特征描述	计量单位	工程量	金额/元		其中
						综合单价	合价	暂估价
		一、土石工程						
1	010101001001	人工场地平整	土壤类别：三类	100 m²	6.81			
2	010101003004	基础梁挖土	1. 土壤类别：三类 2. 挖土深度：2 m 以内	100 m³	2.61			
3	010104003011	散水坡道挖土方三类土	1. 土壤类别：三类 2. 挖土深度：2 m 以内	100 m³	1.75			
4	010101004004	台阶挖土	1. 土壤类别：三类 2. 挖土深度：2 m 以内	100 m³	0.07			
5	010104006001	装载机装车土方	装载机装土方	1 000 m³	0.69			
6	010104006007	自卸汽车运土方运距≤1 km	1. 自卸汽车运土方 2. 运距5 km 以内	1 000 m³	0.69			
7	010103001012	基础回填土夯填	基础回填夯填	100 m³	1.3			
8	010103001009	室内回填土夯填	室内回填夯填	100 m³	1.21			
		二、桩基础						
1	010302004020	人工挖孔桩土方砂土、黏土孔深≤8 m	1. 柱身直径800 mm 2. 土壤类别：三类 3. 挖土深度：8 m 以内	10 m³	61.05			
2	010302004017	人工挖孔桩护井壁商品混凝土 C25	1. 柱护壁商品混凝土 2. 混凝土强度 C25	10 m³	17.31			
3	010302004021	人工挖孔灌注混凝土桩	1. 柱芯商品混凝土 2. 混凝土强度 C25	10 m³	19			
			本页小计					

155

续表

工程名称：曙光新苑工程　　　　　　标段：　　　　　　第　页共　页

序号	项目编码	项目名称	项目特征描述	计量单位	工程量	金额/元		
						综合单价	合价	其中
								暂估价
		三、砌筑工程						
1	010401003019	砖基础实心混水砖墙墙厚370 mm	1. 材质：实心混凝土砖墙240 mm×115 mm×53 mm 2. 墙厚：370 mm 厚 3. 砂浆强度等级：M5 水泥砂浆	10 m³	4.25			
2	010401003020	实心混水砖墙墙厚240 mm	1. 材质：实心混凝土砖墙240 mm×115 mm×53 mm 2. 墙厚：240 mm 厚 3. 砂浆强度等级：M5 混合砂浆	10 m³	3.54			
3	010402001024	硅酸盐砌块墙外墙墙厚300 mm	1. 材质：硅酸盐砌块墙 2. 墙厚：外墙 300 mm 厚 3. 砂浆强度等级：M5 混合砂浆	10 m³	30.055			
4	010402001025	硅酸盐砌块墙内墙墙厚370 mm	1. 材质：硅酸盐砌块墙 2. 墙厚：内墙 370 mm 厚 3. 砂浆强度等级：M5 混合砂浆	10 m³	18.94			
5	010402001026	硅酸盐砌块墙内墙墙厚200 mm	1. 材质：硅酸盐砌块墙 2. 墙厚：内墙 200 mm 厚 3. 砂浆强度等级：M5 混合砂浆	10 m³	37.19			
			本页小计					

续表

工程名称：曙光新苑工程　　　　　　　　标段：　　　　　　　　　第　页共　页

序号	项目编码	项目名称	项目特征描述	计量单位	工程量	金额/元		其中
						综合单价	合价	暂估价
6	010402001027	硅酸盐砌块墙内墙墙厚120 mm	1. 材质：硅酸盐砌块墙 2. 墙厚：内墙120 mm厚 3. 砂浆强度等级：M5混合砂浆	10 m³	4.85			
7	010402001028	硅酸盐砌块墙内墙墙厚450 mm	1. 材质：硅酸盐砌块墙 2. 墙厚：内墙450 mm厚 3. 砂浆强度等级：M5混合砂浆	10 m³	3			
8	010401012006	台阶挡墙墙厚120 mm	1. 材质：实心砖墙 2. 墙厚：挡墙120 mm厚 3. 砂浆强度等级：M5混合砂浆	10 m³	4.31			
9	010401008006	贴砌砖墙厚60 mm	1. 管道井挡墙贴砌砖1/4砖 2. 墙厚：60 mm厚 3. 砂浆强度等级：M5混合砂浆	10 m³	0.23			
10	010401008007	贴砌砖墙厚120 mm以内100 mm	1. 管道井挡墙 2. 墙厚：100 mm厚 3. 砂浆强度等级：M5混合砂浆	10 m³	1.57			
			本页小计					

工程名称：曙光新苑工程　　　　　　　　标段：　　　　　　　　　　　　　　　　　　　　　续表
　　第　页共　页

序号	项目编码	项目名称	项目特征描述	计量单位	工程量	金额/元		
						综合单价	合价	其中
								暂估价
		四、混凝土、钢筋工程						
1	010502001003	现浇混凝土矩形柱商品混凝土C25 400 mm×400 mm	1. 框架柱截面面积：400 mm×400 mm 2. 混凝土种类：预拌混凝土 3. 混凝土强度等级：C25	10 m³	18.23			
2	010502002002	现浇混凝土柱构造柱	1. 构造柱截面面积：200 mm×200 mm 2. 混凝土种类：预拌混凝土 3. 混凝土强度等级：C25	10 m³	1.32			
3	010502001004	现浇混凝土柱矩形柱	1. 楼梯柱截面面积：200 mm×300 mm 2. 混凝土种类：预拌混凝土 3. 混凝土强度等级：C25	10 m³	0.396			
4	010503001002	现浇混凝土梁基础梁	1. 基础梁 2. 混凝土种类：预拌混凝土 3. 混凝土强度等级：C25	10 m³	3.93			
		本页小计						

续表

工程名称：曙光新苑工程　　　　　　　　标段：　　　　　　　　　　　第　页共　页

序号	项目编码	项目名称	项目特征描述	计量单位	工程量	金额/元		
						综合单价	合价	其中
								暂估价
5	010503002003	现浇混凝土梁矩形梁	1. 矩形梁 2. 混凝土种类：预拌混凝土 3. 混凝土强度等级：C25	10 m³	14.01			
6	010503002004	现浇混凝土单梁连续梁楼梯梁	1. 楼梯梁 2. 混凝土种类：预拌混凝土 3. 混凝土强度等级：C25	10 m³	1.23			
7	010503002005	现浇混凝土梁雨篷梁	1. 雨篷梁 2. 混凝土种类：预拌混凝土 3. 混凝土强度等级：C25	10 m³	0.07			
8	010503003002	现浇混凝土梁异形梁	1. 异形梁 2. 混凝土种类：预拌混凝土 3. 混凝土强度等级：C25	10 m³	12.24			
9	010503004003	现浇混凝土梁圈梁	1. 圈梁 2. 混凝土种类：预拌混凝土 3. 混凝土强度：C25	10 m³	0.1			
10	010503005002	现浇混凝土梁过梁	1. 过梁 2. 混凝土种类：预拌混凝土 3. 混凝土强度等级：C25	10 m³	1.28			
			本页小计					

续表

工程名称：曙光新苑工程　　　　　　　标段：　　　　　　　　　　第　页共　页

序号	项目编码	项目名称	项目特征描述	计量单位	工程量	金额/元		
						综合单价	合价	其中 暂估价
11	010505003004	现浇混凝土板平板	1. 楼板 100 mm、110 mm、120 mm、130 mm 厚 2. 混凝土种类：预拌混凝土 3. 混凝土强度等级：C25	10 m³	35.85			
12	010505006004	现浇混凝土板栏板	1. 栏板板厚 100 mm 厚 120 mm 厚 2. 混凝土种类：预拌混凝土 3. 混凝土强度等级：C25	10 m³	2.56			
13	010505007004	现浇混凝土板天沟(檐沟)、挑檐板	1. 挑檐板板厚 100 mm 厚 2. 混凝土种类：预拌混凝土 3. 混凝土强度等级：C25	10 m³	0.316			
14	010505008004	现浇混凝土板雨篷板、阳台板	1. 雨篷阳台板 2. 混凝土种类：预拌混凝土 3. 混凝土强度等级：C25	10 m³	6.36			
15	010506001002	现浇混凝土楼梯整体楼梯直形	1. 直型楼梯 2. 混凝土种类：预拌混凝土 3. 混凝土强度等级：C25	10 m²	20.06			
16	010507004004	现浇混凝土其他构件	1. 三步台阶 2. 混凝土种类：预拌混凝土 3. 混凝土强度等级：C25	10 m²	2.45			
			本页小计					

续表

工程名称：曙光新苑工程　　　　　　　　　标段：　　　　　　　　　　第　页共　页

序号	项目编码	项目名称	项目特征描述	计量单位	工程量	金额/元		
						综合单价	合价	其中
								暂估价
17	010507005004	现浇混凝土其他构件压顶	1. 女儿墙压顶 2. 混凝土种类：预拌混凝土 3. 混凝土强度等级：C25	10 m³	0.37			
18	010507001005	现浇混凝土其他构件混凝土散水预拌混凝土	1. 散水宽 800 mm 2. 混凝土种类：预拌混凝土 3. 混凝土强度等级：C25	100 m²	0.248			
19	010507001006	现浇混凝土其他构件整体防滑坡道预拌混凝土	1. 水泥砂浆防滑坡道宽 2 100 mm 2. 混凝土种类：预拌混凝土 3. 混凝土强度等级：C25	100 m²	2.265 2			
20	010515001034	现浇构件圆钢筋 HPB300 直径 6.5 mm	现浇构件圆钢筋 HPB300 直径 6.5 mm	t	11.492			
21	010515001035	现浇构件圆钢筋 HPB300	钢筋种类、规格：现浇构件圆钢筋 Φ8	t	37.992			
22	010515001036	现浇构件圆钢筋 HPB300 直径 10 mm	现浇构件圆钢筋 Φ10	t	0.295			
23	010515001037	现浇构件圆钢筋 HPB300 直径 12 mm	现浇构件圆钢筋 Φ12	t	1.32			
24	010515001038	现浇构件带肋钢筋 HRB400 以内直径 12 mm	现浇构件 HRB335 钢筋 Φ12	t	8.7			
25	010515001039	现浇构件带肋钢筋 HRB400 以内直径 14 mm	现浇构件 HRB335 钢筋 Φ14	t	1.606			
			本页小计					

续表

工程名称：曙光新苑工程　　　　　　标段：　　　　　　第 页共 页

序号	项目编码	项目名称	项目特征描述	计量单位	工程量	金额/元		
						综合单价	合价	其中 暂估价
26	010515001040	现浇构件带肋钢筋 HRB400 以内直径 16 mm	现浇构件 HRB335 钢筋 Φ16	t	0.25			
27	010515001041	现浇构件带肋钢筋 HRB400 以内直径 18 mm	现浇构件 HRB335 钢筋 Φ18	t	0.893			
28	010515001042	现浇构件带肋钢筋 HRB400 以内直径 20 mm	现浇构件 HRB335 钢筋 Φ20	t	0.888			
29	010515001043	现浇构件带肋钢筋 HRB400	现浇构件 HRB335 钢筋 Φ22	t	0.152			
30	010515001017	现浇构件	现浇 HRB400 钢筋 Φ8	t	25.532			
			本页小计					

续表

工程名称：曙光新苑工程　　　　　　　标段：　　　　　　　第　页共　页

序号	项目编码	项目名称	项目特征描述	计量单位	工程量	金额/元		
						综合单价	合价	其中 暂估价
31	010515001044	现浇构件带肋钢筋 HRB400 以内直径 10 mm	现浇 HRB400 钢筋 ⊕10	t	9.285			
32	010515001018	现浇构件带肋钢筋 HRB400 以内直径 12 mm	现浇 HRB400 钢筋 ⊕12	t	8.483			
33	010515001019	现浇构件带肋钢筋 HRB400 以内直径 14 mm	现浇 HRB400 钢筋 ⊕14	t	5.773			
34	010515001020	现浇构件带肋钢筋 HRB400 以内直径 16 mm	现浇 HRB400 钢筋 ⊕16	t	25.751			
35	010515001021	现浇构件带肋钢筋 HRB400 以内直径 18 mm	现浇 HRB400 钢筋 ⊕18	t	8.789			
36	010515001022	现浇构件带肋钢筋 HRB400 以内直径 20 mm	现浇 HRB400 钢筋 ⊕20	t	10.236			
37	010515001023	现浇构件带肋钢筋 HRB400 以内直径 22 mm	现浇 HRB400 钢筋 ⊕22	t	0.255			
38	010515001024	现浇构件带肋钢筋 HRB400 以内直径 25 mm	现浇 HRB400 钢筋 ⊕25	t	0.697			
39	010515012008	箍筋带肋钢筋 HRB400 以上直径 6.5 mm	现浇构件 HRB400 钢筋 ⊕6.5	t	0.01			
40	010515012034	箍筋带肋钢筋 HRB400 以上直径 8 mm	现浇构件 HRB400 钢筋 ⊕8	t	15.94			
41	010515012035	箍筋带肋钢筋 HRB400 以上直径 10 mm	现浇构件 HRB400 钢筋 ⊕10	t	0.81			
			本页小计					

工程名称：曙光新苑工程　　　　　　　　　标段：　　　　　　　　　　　续表　第　页共　页

序号	项目编码	项目名称	项目特征描述	计量单位	工程量	金额/元		其中
						综合单价	合价	暂估价
		五、屋面及防水工程						
1	010902001024	SCB120复合卷材冷贴满铺	1. 品种：复合卷材卷起500 mm 2. 冷贴满铺	100 m²	6.046 18			
2	010902002021	涂膜防水聚氨酯防水涂膜2 mm厚	1. 防水膜品种：聚氨酯涂膜防水 2. 涂膜防水1.5 mm厚	100 m²	1.799 11			
3	010903001018	墙面卷材防水聚氯乙烯卷材热风焊接法一层	1. 材质：地面聚乙烯、橡胶共混材料卷材 2. 卫生间厨房防水	100 m²	3.64			
4	010903003010	墙面砂浆防水（防潮）防水砂浆掺防水剂20 mm厚	1. 防水砂浆平面 2. 在-60 mm设防潮层 3. 20 mm厚	100 m²	1.4			
		六、保温、隔热、防腐工程						
1	011001001043	屋面、雨篷、空调板水泥珍珠岩厚度30 mm	保温材料品种、厚度：现浇水泥珍珠岩30 mm厚	10 m²	0.77			
			本页小计					

续表

工程名称:曙光新苑工程　　　　标段:　　　　　　　　　　　　第　页共　页

序号	项目编码	项目名称	项目特征描述	计量单位	工程量	金额/元		其中
						综合单价	合价	暂估价
2	011001001044	屋面炉(矿)渣混凝土	保温材料品种、厚度:炉渣保温、最薄处30 mm、坡度3%	10 m³	3.63			
3	011001001045	屋面干铺聚苯乙烯板厚度100 mm	保温材料品种、厚度:上人屋面聚苯乙烯保温100 mm厚	100 m²	6.05			
4	011001002013	混凝土板下天棚保温(带龙骨)粘贴聚苯乙烯板厚度50 mm	保温材料品种、厚度:仓房层聚苯乙烯保温100 mm厚	10 m³	55.88			
5	011001003036	墙面聚苯乙烯板厚度50 mm	保温材料品种、厚度:外墙粘贴聚苯乙烯(EPS)保温板100 mm厚	100 m²	19.77			
6	011001003037	墙面聚苯颗粒保温砂浆厚30 mm	保温材料品种、厚度:门窗洞口外墙砖墙面聚苯颗粒保温砂浆厚30 mm	100 m²	19.77			
7	011001003038	墙面聚苯乙烯板厚度50 mm	保温材料品种、厚度:阳台栏板外墙粘贴聚苯乙烯(EPS)保温板100 mm厚	100 m²	1.16			
8	011001003039	墙面聚苯乙烯板厚度50 mm	保温材料品种、厚度:阳台底板外墙粘贴聚苯乙烯(EPS)保温板130 mm厚	100 m²	1.16			
			本页小计					

工程名称：曙光新苑工程　　　　　　　　　标段：　　　　　　　　　　　续表
第　页共　页

序号	项目编码	项目名称	项目特征描述	计量单位	工程量	金额/元		
						综合单价	合价	其中暂估价
		七、楼地面工程						
1	011101001010	水泥砂浆楼地面混凝土或硬基层上 20 mm	屋面混凝土或硬基层上水泥砂浆找平层 20 mm	100 m²	6.94			
2	011101001011	水泥砂浆楼地面填充材料上 20 mm	屋面在填充材料上水泥砂浆找平层 20 mm	100 m²	6.05			
3	011101001012	细石混凝土地面找平层 30 mm	楼地面细石混凝土找平层 30 mm	100 m²	2.32			
4	011101001013	细石混凝土地面找平层每增减 5 mm	楼地面细石混凝土找平层每增减 5 mm	100 m²	0.771			
		八、措施项目						
1	011702001051	现浇混凝土模板人工挖孔桩	现浇混凝土人工挖孔桩井壁木模板木支撑	100 m²	3.630 4			
2	011702002052	现浇混凝土模板矩形柱复合模板钢支撑	楼梯现浇混凝土矩形柱复合模板钢支撑	100 m²	5.682 722			
3	011702002053	现浇混凝土模板矩形柱复合模板钢支撑	矩形现浇混凝土矩形柱复合模板钢支撑	100 m²	11.299 02			
			本页小计					

续表

工程名称：曙光新苑工程　　　　　　　标段：　　　　　　　　　　　　　第　页共　页

序号	项目编码	项目名称	项目特征描述	计量单位	工程量	金额/元		
						综合单价	合价	其中 暂估价
4	011702003051	现浇混凝土模板构造柱复合模板钢支撑	构造柱现浇混凝土矩形柱复合模板钢支撑	100 m²	1.41			
5	011702005051	现浇混凝土模板基础梁复合模板钢支撑	现浇混凝土基础梁复合模板钢支撑	100 m²	4.106 74			
6	011702006052	现浇混凝土模板矩形梁复合模板钢支撑	现浇混凝土单梁、连续梁复合模板钢支撑	100 m²	14.9			
7	011702006053	现浇混凝土模板矩形梁复合模板钢支撑	楼梯梁现浇混凝土单梁、连续梁复合模板钢支撑	100 m²	1.208 4			
8	011702009051	现浇混凝土模板过梁复合模板钢支撑	过梁现浇混凝土过梁复合木模板木支撑	100 m²	1.91			
9	011702007051	现浇混凝土模板异形梁复合模板钢支撑	现浇混凝土 TL＋I 异形梁木模板木支撑	100 m²	15.03			
10	011702008051	现浇混凝土模板圈梁直形复合模板钢支撑	现浇混凝土圈梁直形竹胶板木支撑（复合模板钢支撑）	100 m²	1.041			
11	011702023052	现浇混凝土模板雨篷板圆弧形复合模板钢支撑	现浇混凝土雨篷1梁复合模板钢支撑	100 m² 水平投影面积	0.514 217			
			本页小计					

工程名称：曙光新苑工程　　　　　　　　　　标段：　　　　　　　　　　　续表
第　页共　页

序号	项目编码	项目名称	项目特征描述	计量单位	工程量	金额/元		
						综合单价	合价	其中 暂估价
12	011702023053	现浇混凝土模板阳台板直形复合模板钢支撑	现浇混凝土阳台板复合模板钢支撑	100 m² 水平投影面积	0.395 783			
13	011702016051	现浇混凝土模板平板复合模板钢支撑	现浇混凝土楼板复合模板钢支撑	100 m²	30.955			
14	011702024051	现浇混凝土模板楼梯直形复合模板钢支撑	现浇混凝土直形楼梯木模板木支撑	10 m² 水平投影面积	13.97			
15	011702023054	现浇混凝土模板悬挑板直形复合模板钢支撑	悬挑板（阳台雨篷）木模板木支撑	100 m²	5.397			
16	011702027051	现浇混凝土模板台阶复合模板木支撑	现浇混凝土台阶木模板木支撑	10 m²	0.72			
17	011702021051	现浇混凝土模板栏板复合模板钢支撑	现浇混凝土栏板木模板木支撑	100 m²	5.62			
18	011702022051	现浇混凝土模板天沟挑檐复合模板钢支撑	现浇混凝土挑檐天沟木模板木支撑	100 m²	0.618			
19	011503011004	不锈钢管栏杆（带扶手）直形	直线型不锈钢扶手带不锈钢管栏杆竖条式空调板栏杆、楼梯栏杆、白栏杆	10 m	28.965 4			
			本页小计					

续表

工程名称：曙光新苑工程　　　　　　标段：　　　　　　　　　　第　页共　页

序号	项目编码	项目名称	项目特征描述	计量单位	工程量	金额/元		其中
						综合单价	合价	暂估价
20	010507001007	现浇混凝土其他构件整体防滑坡道预拌混凝土	现浇混凝土水泥砂浆防滑坡道商品混凝土	100 m²	2.183 924			
21	011703001006	垂直运输20 m（6层）以内塔式起重机施工现浇框架	建筑物20 m内垂直运输现浇框架结构	100 m²	38.83			
22	011705001034	大型机械设备安拆自升式塔式起重机安拆费塔高45 m内	特、大型机械每安装、拆卸一次费用塔式起重机	台次	1			
23	011705001035	大型机械设备安拆塔式起重机轨道式基础（双轨）	塔式起重机基础及轨道铺拆费用固定式基础（带配重）商品混凝土	座	1			
24	011705001041	大型机械设备进出场自升式塔式起重机进出场费	特、大型机械场外运输费用塔式起重机	台次	1			
25	011701001048	多层建筑综合脚手架框架结构檐高20 m以内	综合脚手架钢管脚手架（高度20 m以内）	100 m²	38.83			
			本页小计					
			合计					

附表5 总价措施项目清单与计价表

工程名称：曙光新苑工程　　　　　　　　标段：　　　　　　　　　　第　页共　页

序号	项目编码	项目名称	计算基础	费率/%	金额/元	调整费率/%	调整后金额/元	备注
		一般措施项目费（不含安全施工措施费）						
1	011707001001	文明施工和环境保护费	人工费预算价＋机械费预算价－（土石方、拆除工程人工费预算价＋土石方、拆除工程机械费预算价）×0.65	0.65				
2	011707005001	雨期施工费	人工费预算价＋机械费预算价－（土石方、拆除工程人工费预算价＋土石方、拆除工程机械费预算价）×0.65	0.65				
		其他措施项目费						
3	011707002001	夜间施工增加费和白天施工需要照明费						
4	011707004001	二次搬运费						
5	011707005002	冬期施工费	人工费预算价＋机械费预算价－（土石方、拆除工程人工费预算价＋土石方、拆除工程机械费预算价）×0.65	0				
6	011707007001	已完工程及设备保护费						
7	041109005001	市政工程（含园林绿化工程）施工干扰费		4				
		合计						

编制人(造价人员)：　　　　　　　　　复核人(造价工程师)：

注：按施工方案计算的措施费，若无"计算基础"和"费率"的数值，也可只填"金额"数值，但应在备注栏说明施工方案出处或计算方法。

附表6　其他项目清单与计价汇总表

工程名称：曙光新苑工程　　　　　　　　标段：　　　　　　　　　　第　页共　页

序号	项目名称	金额/元	结算金额/元	备注
1	暂列金额			
2	暂估价			
2.1	材料(工程设备)暂估价	—		
2.2	专业工程暂估价			
3	计日工			
4	总承包服务费			
5	索赔与现场签证			
	合计			

注：材料(工程设备)暂估单价进入清单项目综合单价，此处不汇总。

附录 2　曙光新苑投标报价实例

附表 7　投标总价封面

<u>　　　　　　　　曙光新苑　　　　　　　　</u> 工程

投标总价

投标人：<u>　　　　　　　</u>
（单位盖章）

年　月　日

附表 8　投标总价扉页

投标总价

招标人：　_____

工程名称： 曙光新苑工程_____

投标总价(小写)： 3 963 627.42_____

(大写)： 叁佰玖拾陆万叁仟陆佰贰拾柒元肆角贰分_____

投标人：　_____
　　　　　　　　　（单位盖章）

法定代表人
或其授权人：　_____
　　　　　　　　　（签字或盖章）

编制人：　_____
　　　　　　　　（造价人员签字盖章）

时间：　　年　月　日

附表 9　单位工程投标报价汇总表

工程名称：曙光新苑工程　　　　　　　　　标段：　　　　　　　　　第 1 页共 1 页

序号	汇总内容	金额/元	其中：暂估价/元
1	分部分项工程费	3 386 723.29	
1.1	一、土石工程	2 324.25	
1.2	二、桩基础	169 780.53	
1.3	三、砌筑工程	271 571.46	
1.4	四、混凝土、钢筋工程	1 149 402.41	
1.5	五、屋面及防水工程	41 126.3	
1.6	六、保温、隔热、防腐工程	674 738.65	
1.7	七、楼地面工程	32 432.05	
1.8	八、措施项目	1 045 347.64	
2	措施项目费	15 698.02	
2.1	其中：文明施工与环境保护费	7 849.01	
3	其他项目费		—
4	规费	120 897.01	—
5	安全施工措施费	79 979.33	
6	税费前工程造价合计	3 603 297.65	
7	税金	360 329.77	—
	合计	7 566 925.07	
注：本表适用于单位工程招标控制价或投标报价的汇总，如无单位工程划分，单项工程也使用本表汇总。			

附表 10 分部分项工程和单价措施项目清单与计价表

工程名称：曙光新苑工程　　　　　　　　标段：　　　　　　　　　　　第　页共　页

序号	项目编码	项目名称	项目特征描述	计量单位	工程量	金额/元 综合单价	金额/元 合价	其中 暂估价
		一、土石工程					2 324.25	2 200.99
1	010101001001	人工场地平整	土壤类别：三类	100 m²	6.81	161.75	1 101.52	1 043.09
2	010101003004	基础梁挖土	1. 土壤类别：三类 2. 挖土深度：2 m 以内	100 m³	2.61	318.83	832.15	788.01
3	010104003011	散水坡道挖土方三类土	1. 土壤类别：三类 2. 挖土深度：2 m 以内	100 m³	1.75	62.94	110.15	104.32
4	010101004004	台阶挖土	1. 土壤类别：三类 2. 挖土深度：2 m 以内	100 m³	0.07	333.73	23.36	22.12
5	010104006001	装载机装车土方	装载机装土方	1 000 m³	0.69	20.03	13.82	13.08
6	010104006007	自卸汽车运土方运距≤1 km	1. 自卸汽车运土方 2. 运距 5 km 以内	1 000 m³	0.69	101.61	70.11	66.39
7	010103001012	基础回填土夯填	基础回填夯填	100 m³	1.3	68.98	89.67	84.93
8	010103001009	室内回填土夯填	室内回填夯填	100 m³	1.21	68.98	83.47	79.05
		二、桩基础					169 780.53	85 592.07
1	010302004020	人工挖孔桩土方砂土、黏土孔深≤8 m	1. 柱身直径 800 mm 2. 土壤类别：三类 3. 挖土深度：8 m 以内	10 m³	61.05	1 198.94	73 195.29	57 372.35
2	040301007005	人工挖孔桩护井壁商品混凝土C25	1. 柱护壁商品混凝土 2. 混凝土强度 C25	10 m³	17.31	1 168.4	20 225	17 435.32
3	010302004021	人工挖孔灌注混凝土桩桩芯混凝土	1. 柱芯商品混凝土 2. 混凝土强度 C25	10 m³	19	4 018.96	76 360.24	10 784.4
					本页小计		172 104.78	87 793.06

续表

工程名称：曙光新苑工程　　　　　标段：　　　　　　　　　　第　页共　页

序号	项目编码	项目名称	项目特征描述	计量单位	工程量	金额/元		
						综合单价	合价	其中 暂估价
		三、砌筑工程					271 571.46	136 459.55
1	010401003019	砖基础实心混水砖墙墙厚370 mm	1. 材质：实心混凝土砖墙 240 mm×115 mm×53 mm 2. 墙厚：370 mm 厚 3. 砂浆强度等级：M5 水泥砂浆	10 m³	4.25	3 295.5	14 005.88	5 156.23
2	010401003020	实心混水砖墙墙厚 240 mm	1. 材质：实心混凝土砖墙 240 mm×115 mm×53 mm 2. 墙厚：240 mm 厚 3. 砂浆强度等级：M5 混合砂浆	10 m³	3.54	3 386.62	11 988.63	4 440.86
3	010402001024	硅酸盐砌块墙外墙墙厚 300 mm	1. 材质：硅酸盐砌块墙 2. 墙厚：外墙 300 mm 厚 3. 砂浆强度等级：M5 混合砂浆	10 m³	30.055	2 345.88	70 505.42	37 034.67
4	010402001025	硅酸盐砌块墙内墙墙厚	1. 材质：硅酸盐砌块墙 2. 墙厚：内墙 370 mm 厚 3. 砂浆强度等级：M5 混合砂浆	10 m³	18.94	2 345.88	44 430.97	23 338.44
			本页小计				140 930.9	69 970.20

工程名称：曙光新苑工程　　　　　　　　标段：　　　　　　　　　　　　续表　第　页共　页

序号	项目编码	项目名称	项目特征描述	计量单位	工程量	金额/元		其中
						综合单价	合价	暂估价
5	010402001026	硅酸盐砌块墙内墙墙厚200 mm	1. 材质：硅酸盐砌块墙 2. 墙厚：内墙200 mm厚 3. 砂浆强度等级：M5混合砂浆	10 m³	37.19	2 345.88	87 243.28	45 826.64
6	010402001027	硅酸盐砌块墙内墙墙厚120 mm	1. 材质：硅酸盐砌块墙 2. 墙厚：内墙120 mm厚 3. 砂浆强度等级：M5混合砂浆	10 m³	4.85	2 345.88	11 377.52	5 976.32
7	010402001028	硅酸盐砌块墙内墙墙厚450 mm	1. 材质：硅酸盐砌块墙 2. 墙厚：内墙450 mm厚 3. 砂浆强度等级：M5混合砂浆	10 m³	3	2 345.88	7 037.64	3 696.69
8	010401012006	台阶挡墙墙厚120 mm	1. 材质：实心砖墙 2. 墙厚：挡墙120 mm厚 3. 砂浆强度等级：M5混合砂浆	10 m³	4.31	4 117.81	17 747.76	8 052.85
9	010401008006	贴砌砖墙厚60 mm	1. 管道井挡墙贴砌砖1/4砖 2. 墙厚：60 mm厚 3. 砂浆强度等级：M5混合砂浆	10 m³	0.23	4 546.87	1 045.78	445.98
10	010401008007	贴砌砖墙厚120以内100 mm	1. 管道井挡墙 2. 墙厚：100 mm厚 3. 砂浆强度等级：M5混合砂浆	10 m³	1.57	3 941.77	6 188.58	2 490.87
			本页小计				130 640.56	66 489.35

工程名称：曙光新苑工程　　　　　　　标段：　　　　　　　　　　　　　　　　续表
第　页共　页

序号	项目编码	项目名称	项目特征描述	计量单位	工程量	金额/元		
						综合单价	合价	其中 暂估价
		四、混凝土、钢筋工程					1 149 402.41	173 073.91
1	010502001003	现浇混凝土矩形柱商品混凝土C25 400 mm×400 mm	1. 框架柱截面面积：400 mm×400 mm 2. 混凝土种类：预拌混凝土 2. 混凝土强度等级：C25	10 m³	18.23	3 623.76	66 061.14	4 676.72
2	010502002002	现浇混凝土柱构造柱	1. 构造柱截面面积：200 mm×200 mm 2. 混凝土种类：预拌混凝土 3. 混凝土强度等级：C25	10 m³	1.32	3 678.69	4 855.87	395.93
3	010502001004	现浇混凝土柱矩形柱	1. 楼梯柱截面面积：200 mm×300 mm 2. 混凝土种类：预拌混凝土 3. 混凝土强度等级：C25	10 m³	0.396	3 623.76	1 435.01	101.59
4	010503001002	现浇混凝土梁基础梁	1. 基础梁 2. 混凝土种类：预拌混凝土 3. 混凝土强度等级：C25	10 m³	3.93	3 570.12	14 030.57	681.58
				本页小计			86 382.59	5 855.82

续表

工程名称：曙光新苑工程　　　　　　　标段：　　　　　　　第　页共　页

序号	项目编码	项目名称	项目特征描述	计量单位	工程量	金额/元		其中 暂估价
						综合单价	合价	
5	010503002003	现浇混凝土梁矩形梁	1. 矩形梁 2. 混凝土种类：预拌混凝土 3. 混凝土强度等级：C25	10 m³	14.01	3 598.63	50 416.81	2 780
6	010503002004	现浇混凝土单梁连续梁楼梯梁	1. 楼梯梁 2. 混凝土种类：预拌混凝土 3. 混凝土强度等级：C25	10 m³	1.23	3 598.63	4 426.31	244.07
7	010503002005	现浇混凝土梁雨篷梁	1. 雨篷梁 2. 混凝土种类：预拌混凝土 3. 混凝土强度等级：C25	10 m³	0.07	3 598.63	251.9	13.89
8	010503003002	现浇混凝土梁异形梁	1. 异形梁 2. 混凝土种类：预拌混凝土 3. 混凝土强度等级：C25	10 m³	12.24	3 606.6	44 144.78	2 530.25
9	010503004003	现浇混凝土梁圈梁	1. 圈梁 2. 混凝土种类：预拌混凝土 3. 混凝土强度：C25	10 m³	0.1	3 637.04	363.7	22.97
10	010503005002	现浇混凝土梁过梁	1. 过梁 2. 混凝土种类：预拌混凝土 3. 混凝土强度等级：C25	10 m³	1.28	3 687.5	4 720	315.74
			本页小计				104 323.5	5 906.92

工程名称：曙光新苑工程　　　　　　　标段：　　　　　　　　　　　　续表
第　页共　页

序号	项目编码	项目名称	项目特征描述	计量单位	工程量	金额/元		其中
						综合单价	合价	暂估价
11	010505003004	现浇混凝土板平板	1. 楼板100 mm、110 mm、120 mm、130 mm厚 2. 混凝土种类：预拌混凝土 3. 混凝土强度等级：C25	10 m³	35.85	3 617.66	129 693.11	7 145.98
12	010505006004	现浇混凝土板栏板	1. 栏板板厚100 mm厚、120 mm厚 2. 混凝土种类：预拌混凝土 3. 混凝土强度等级：C25	10 m³	2.56	3 752.09	9 605.35	871.55
13	010505007004	现浇混凝土板天沟(檐沟)、挑檐板	1. 挑檐板板厚100 mm厚 2. 混凝土种类：预拌混凝土 3. 混凝土强度等级：C25	10 m³	0.316	3 798.65	1 200.37	108.42
14	010505008004	现浇混凝土板雨篷板、阳台板	1. 雨篷阳台板 2. 混凝土种类：预拌混凝土 3. 混凝土强度等级：C25	10 m³	6.36	3 777.9	24 027.44	2 026.17
15	010506001002	现浇混凝土楼梯整体楼梯直形	1. 直形楼梯 2. 混凝土种类：预拌混凝土 3. 混凝土强度等级：C25	10 m²水平投影面积	20.06	1 019.98	20 460.8	2 696.47
			本页小计				184 987.07	12 848.59

续表

工程名称：曙光新苑工程　　　　　　　标段：　　　　　　　　　　第 页 共 页

序号	项目编码	项目名称	项目特征描述	计量单位	工程量	金额/元		其中
						综合单价	合价	暂估价
16	010507004004	现浇混凝土其他构件整体台阶三步混凝土台阶预拌混凝土	1. 三步台阶 2. 混凝土种类：预拌混凝土 3. 混凝土强度等级：C25	10 m²	2.45	2 698.84	6 612.16	2 026.6
17	010507005004	现浇混凝土其他构件压顶	1. 女儿墙压顶 2. 混凝土种类：预拌混凝土 3. 混凝土强度等级：C25	10 m³	0.37	3 820.77	1 413.68	130.92
18	010507001005	现浇混凝土其他构件混凝土散水预拌混凝土	1. 散水宽 800 mm 2. 混凝土种类：预拌混凝土 3. 混凝土强度等级：C25	100 m²	0.248	506.61	125.64	21.42
19	010507001006	现浇混凝土其他构件整体防滑坡道预拌混凝土	1. 水泥砂浆防滑坡道宽 2 100 mm 2. 混凝土种类：预拌混凝土 3. 混凝土强度等级：C25	100 m²	2.265 2	1 838.48	4 164.52	1 205.38
20	010515001034	现浇构件圆钢筋 HPB300 直径 6.5 mm	现浇构件圆钢筋 HPB300 直径 6.5 mm	t	11.492	4 649.39	53 430.79	12 361.37
21	010515001035	现浇构件圆钢筋 HPB300 直径 8 mm	钢筋种类、规格：现浇构件圆钢筋 Φ8	t	37.992	4 483.27	170 328.39	35 425.26
22	010515001036	现浇构件圆钢筋 HPB300 直径 10 mm	现浇构件圆钢筋 Φ10	t	0.295	4 390.62	1 295.23	251.51
23	010515001037	现浇构件圆钢筋 HPB300 直径 12 mm	现浇构件圆钢筋 Φ12	t	1.32	4 232.99	5 587.55	892.49
			本页小计				242 957.96	52 314.95

续表

工程名称：曙光新苑工程　　　　　　　标段：　　　　　　　　　第　页　共　页

序号	项目编码	项目名称	项目特征描述	计量单位	工程量	金额/元		
						综合单价	合价	其中 暂估价
24	010515001038	现浇构件带肋钢筋HRB400以内直径12 mm	现浇构件HRB335钢筋 ⊈12	t	8.7	4 243.21	36 915.93	6 265.92
25	010515001039	现浇构件带肋钢筋HRB400以内直径14 mm	现浇构件HRB335钢筋 ⊈14	t	1.606	4 228.1	6 790.33	1 135.76
26	010515001040	现浇构件带肋钢筋HRB400以内直径16 mm	现浇构件HRB335钢筋 ⊈16	t	0.25	4 213.85	1 053.46	173.73
27	010515001041	现浇构件带肋钢筋HRB400以内直径18 mm	现浇构件HRB335钢筋 ⊈18	t	0.893	4 116.72	3 676.23	545.78
28	010515001042	现浇构件带肋钢筋HRB400以内直径20 mm	现浇构件HRB335钢筋 ⊈20	t	0.888	3 977.54	3 532.06	447.83
29	010515001043	现浇构件带肋钢筋HRB400以内直径22 mm	现浇构件HRB335钢筋 ⊈22	t	0.152	3 946.7	599.9	72.61
				本页小计			52 567.91	8 641.63

续表

工程名称：曙光新苑工程　　　　　　　　标段：　　　　　　　　第 页 共 页

序号	项目编码	项目名称	项目特征描述	计量单位	工程量	金额/元		
						综合单价	合价	其中 暂估价
30	010515001017	现浇构件带肋钢筋 HRB400 以内直径 8 mm	现浇 HRB400 钢筋 ⊕8	t	25.532	4 161.35	106 247.59	18 132.06
31	010515001044	现浇构件带肋钢筋 HRB400 以内直径 10 mm	现浇 HRB400 钢筋 ⊕10	t	9.285	4 161.35	38 638.13	6 593.92
32	010515001018	现浇构件带肋钢筋 HRB400 以内直径 12 mm	现浇 HRB400 钢筋 ⊕12	t	8.483	4 243.21	35 995.15	6 109.62
33	010515001019	现浇构件带肋钢筋 HRB400 以内直径 14 mm	现浇 HRB400 钢筋 ⊕14	t	5.773	4 228.1	24 408.82	4 082.67
34	010515001020	现浇构件带肋钢筋 HRB400 以内直径 16 mm	现浇 HRB400 钢筋 ⊕16	t	25.751	4 213.85	108 510.85	17 894.63
35	010515001021	现浇构件带肋钢筋 HRB400 以内直径 18 mm	现浇 HRB400 钢筋 ⊕18	t	8.789	4 116.72	36 181.85	5 371.66
36	010515001022	现浇构件带肋钢筋 HRB400 以内直径 20 mm	现浇 HRB400 钢筋 ⊕20	t	10.236	3 977.54	40 714.1	5 162.12
37	010515001023	现浇构件带肋钢筋 HRB400 以内直径 22 mm	现浇 HRB400 钢筋 ⊕22	t	0.255	3 946.7	1 006.41	121.82
38	010515001024	现浇构件带肋钢筋 HRB400 以内直径 25 mm	现浇 HRB400 钢筋 ⊕25	t	0.697	3 920.52	2 732.6	317.24
39	010515012008	箍筋带肋钢筋 HRB400 以上直径 6.5 mm	现浇构件 HRB400 钢筋 ⊕6.5	t	0.01	4 996.89	49.97	14.15
40	010515012034	箍筋带肋钢筋 HRB400 以上直径 8 mm	现浇构件 HRB400 钢筋 ⊕8	t	15.94	4 996.89	79 650.43	22 559.72
			本页小计				474 135.9	86 359.61

工程名称：曙光新苑工程　　　　　　　标段：　　　　　　　　第　页　共　页　续表

序号	项目编码	项目名称	项目特征描述	计量单位	工程量	金额/元		其中
						综合单价	合价	暂估价
41	010515012035	箍筋带肋钢筋HRB400以上直径10 mm	现浇构件HRB400钢筋 ⊕10	t	0.81	4 996.89	4 047.48	1 146.39
		五、屋面及防水工程					41 126.3	5 293.21
1	010902001024	SCB120复合卷材冷贴满铺	1. 品种：复合卷材卷起500 mm 2. 冷贴满铺	100 m²	6.046 18	2 978.28	18 007.22	1 282.76
2	010902002021	涂膜防水聚氨酯防水涂膜2 mm厚	1. 防水膜品种：聚氨酯涂膜防水 2. 涂膜防水 1.5 mm厚	100 m²	1.799 11	2 340.43	4 210.69	435.87
3	010903001018	墙面卷材防水聚氯乙烯卷材热风焊接法一层	1. 材质：地面聚乙烯、橡胶共混材料卷材 2. 卫生间厨房防水	100 m²	3.64	4 513.13	16 427.79	2 379.32
4	010903003010	墙面砂浆防水（防潮）防水砂浆掺防水剂20 mm厚	1. 防水砂浆平面 2. 在－60 mm设防潮层 3. 20 mm厚	100 m²	1.4	1 771.86	2 480.6	1 195.26
			本页小计				45 173.78	6 439.6

续表

工程名称：曙光新苑工程　　　　　　　　　标段：　　　　　　　　　　第　页共　页

序号	项目编码	项目名称	项目特征描述	计量单位	工程量	金额/元		
						综合单价	合价	其中 暂估价
		六、保温、隔热、防腐工程					674 738.65	212 208.33
1	011001001043	屋面、雨篷、空调板水泥珍珠岩厚度30 mm	保温材料品种、厚度：现浇水泥珍珠岩30 mm厚	10 m²	0.77	1 840.8	1 417.42	585.54
2	011001001044	屋面炉（矿）渣混凝土	保温材料品种、厚度：炉渣保温、最薄处30 mm、坡度3％	10 m³	3.63	2 431.43	8 826.09	2 721.16
3	011001001045	屋面干铺聚苯乙烯板厚度100 mm	保温材料品种、厚度：上人屋面聚苯乙烯保温100 mm厚	100 m²	6.05	1 922.94	11 633.79	1 517.4
4	011001002013	混凝土板下天棚保温（带龙骨）粘贴聚苯乙烯板厚度50 mm	保温材料品种、厚度：仓房层聚苯乙烯保温100 mm厚	10 m³	55.88	8 136.87	454 688.3	135 130.69
5	011001003036	墙面聚苯乙烯板厚度50 mm	保温材料品种、厚度：外墙粘贴聚苯乙烯（EPS）保温板100mm厚	100 m²	19.77	6 081.52	120 231.65	32 905.19
6	011001003037	墙面聚苯颗粒保温砂浆厚30 mm	保温材料品种、厚度：门窗洞口外墙砖墙面聚苯颗粒保温砂浆厚30 mm	100 m²	19.77	3 171.29	62 696.4	35 486.95
7	011001003038	墙面聚苯乙烯板厚度50 mm	保温材料品种、厚度：阳台栏板外墙粘贴聚苯乙烯（EPS）保温板100 mm厚	100 m²	1.16	6 081.52	7 054.56	1 930.7
			本页小计				666 548.21	210 277.63

工程名称：曙光新苑工程　　　　标段：　　　　　　　　　　　　　续表
第　页共　页

序号	项目编码	项目名称	项目特征描述	计量单位	工程量	金额/元		其中
						综合单价	合价	暂估价
8	011001003039	墙面聚苯乙烯板厚度 50 mm	保温材料品种、厚度：阳台底板外墙粘贴聚苯乙烯（EPS）保温板 130 mm 厚	100 m²	1.16	7 060.72	8 190.44	1 930.7
		七、楼地面工程					32 432.05	20 616.99
1	011101001010	水泥砂浆楼地面混凝土或硬基层上 20 mm	屋面混凝土或硬基层上水泥砂浆找平层 20 mm	100 m²	6.94	1 899.6	13 183.22	8 809.01
2	011101001011	水泥砂浆楼地面填充材料上 20 mm	屋面在填充材料上水泥砂浆找平层 20 mm	100 m²	6.05	2 307.9	13 962.8	9 269.81
3	011101001012	细石混凝土地面找平层 30 mm	楼地面细石混凝土找平层 30 mm	100 m²	2.32	2 179.21	5 055.77	2 446.44
4	011101001013	细石混凝土地面找平层每增减 5 mm	楼地面细石混凝土找平层每增减 5 mm	100 m²	0.771	298.65	230.26	91.73
			本页小计				40 622.49	22 547.69

续表

工程名称：曙光新苑工程　　　　　标段：　　　　　　　　　　　第　页共　页

序号	项目编码	项目名称	项目特征描述	计量单位	工程量	金额/元		
						综合单价	合价	其中暂估价
		八、措施项目					1 045 377.64	573 525.08
1	011702001051	现浇混凝土模板人工挖孔桩井壁木模板木支撑	现浇混凝土人工挖孔桩井壁木模板木支撑	100 m²	3.630 4	6 955.49	25 251.21	17 805.29
2	011702002052	现浇混凝土模板矩形柱复合模板钢支撑	楼梯现浇混凝土矩形柱复合模板钢支撑	100 m²	5.682 722	5 417.83	30 788.02	15 485.64
3	011702002053	现浇混凝土模板矩形柱复合模板钢支撑	矩形现浇混凝土矩形柱复合模板钢支撑	100 m²	11.299 02	5 417.83	61 216.18	30 790.29
4	011702003051	现浇混凝土模板构造柱复合模板钢支撑	构造柱现浇混凝土矩形柱复合模板钢支撑	100 m²	1.41	4 205.43	5 929.66	2 767.46
5	011702005051	现浇混凝土模板基础梁复合模板钢支撑	现浇混凝土基础梁复合模板钢支撑	100 m²	4.106 74	4 711.07	19 347.14	9 053.43
6	011702006052	现浇混凝土模板矩形梁复合模板钢支撑	现浇混凝土单梁、连续梁复合模板钢支撑	100 m²	14.9	4 997.34	74 460.37	38 552.56
7	011702006053	现浇混凝土模板矩形梁复合模板钢支撑	楼梯梁现浇混凝土单梁、连续复合模板钢支撑	100 m²	1.208 4	4 997.34	6 038.79	3 126.63
8	011702009051	现浇混凝土模板过梁复合模板钢支撑	过梁现浇混凝土过梁复合木模板木支撑	100 m²	1.91	6 678.72	12 756.36	7 577.1
9	011702007051	现浇混凝土模板异形梁复合模板钢支撑	现浇混凝土 TL＋I 异形梁木模板木支撑	100 m²	15.03	5 952.85	89 471.34	50 534.46
10	011702008051	现浇混凝土模板圈梁直形复合模板钢支撑	现浇混凝土圈梁直形竹胶板木支撑（复合模板钢支撑）	100 m²	1.041	5 186.04	5 398.67	2 976.25
			本页小计				330 657.74	178 669.11

续表

工程名称：曙光新苑工程　　　　　　　　　标段：　　　　　　　　　　第　页共　页

序号	项目编码	项目名称	项目特征描述	计量单位	工程量	金额/元		其中
						综合单价	合价	暂估价
11	011702023052	现浇混凝土模板雨篷板圆弧形复合模板钢支撑	现浇混凝土雨篷1梁复合模板钢支撑	100 m² 水平投影面积	0.514 217	9 416.04	4 841.89	2 605.71
12	011702023053	现浇混凝土模板阳台板直形复合模板钢支撑	现浇混凝土阳台板复合模板钢支撑	100 m² 水平投影面积	0.395 783	10 710.97	4 239.22	2 458.84
13	011702016051	现浇混凝土模板平板复合模板钢支撑	现浇混凝土楼板复合模板钢支撑	100 m²	30.955	4 895.44	151 538.35	76 476.81
14	011702024051	现浇混凝土模板楼梯直形复合模板钢支撑	现浇混凝土直形楼梯木模板木支撑	10 m² 水平投影面积	13.97	13 215.68	184 623.05	115 230.28
15	011702023054	现浇混凝土模板悬挑板直形复合模板钢支撑	悬挑板(阳台雨篷)木模板木支撑	100 m² 水平投影面积	5.397	6 989.48	37 722.22	21 697.02
16	011702027051	现浇混凝土模板台阶复合模板木支撑	现浇混凝土台阶木模板木支撑	10 m²	0.72	5 517.04	3 972.27	1 279.83
			本页小计				386 967	219 748.49

续表

工程名称：曙光新苑工程　　　　　　　　标段：　　　　　　　　　第　页　共　页

序号	项目编码	项目名称	项目特征描述	计量单位	工程量	金额/元		
						综合单价	合价	其中
								暂估价
17	011702021051	现浇混凝土模板栏板复合模板钢支撑	现浇混凝土栏板木模板木支撑	100 m²	5.62	6 129.3	34 446.67	19 411.82
18	011702022051	现浇混凝土模板天沟挑檐复合模板钢支撑	现浇混凝土挑檐天沟木模板木支撑	100 m²	0.618	7 004.69	4 328.9	2 577.72
19	011503011004	不锈钢管栏杆（带扶手）直形	直线型不锈钢扶手带不锈钢管栏杆竖条式空调板栏杆，楼梯栏杆，白栏杆	10 m	28.965 4	2 187.39	63 358.63	7 438.61
20	010507001007	现浇混凝土其他构件整体防滑坡道预拌混凝土	现浇混凝土水泥砂浆防滑坡道商品混凝土	100 m²	2.183 924	1 853.29	4 047.44	1 162.13
21	011703001006	垂直运输20 m（6层）以内塔式起重机施工现浇框架	建筑物20 m内垂直运输现浇框架结构	100 m²	38.83	1 646.28	63 925.05	55 107.93
22	011705001034	大型机械设备安拆自升式塔式起重机安拆费塔高45 m内	特、大型机械每安装、拆卸一次费用塔式起重机	台次	1	12 953.9	12 953.9	10 983.46
			本页小计				183 060.59	96 681.67

续表

工程名称：曙光新苑工程　　　　　　　　　　标段：　　　　　　　　　　第　页共　页

序号	项目编码	项目名称	项目特征描述	计量单位	工程量	金额/元		
						综合单价	合价	其中 暂估价
23	011705001035	大型机械设备安拆塔式起重机轨道式基础（双轨）	塔式起重机基础及轨道铺拆费用固定式基础（带配重）商品混凝土	座	1	229.3	229.3	113.83
24	011705001041	大型机械设备进出场自升式塔式起重机进出场费	特、大型机械场外运输费用塔式起重机	台次	1	11 085.07	11 085.07	9 556.09
25	011701001048	多层建筑综合脚手架框架结构檐高20 m以内	综合脚手架钢管脚手架（高度20 m以内）	100 m²	38.83	3 434.92	133 377.94	68 755.89
			本页小计				144 692.31	78 425.81
			合计				3 386 723.29	1 208 970.13

附表 11　总价措施项目清单与计价表

工程名称：曙光新苑工程　　　　　　　　　标段：　　　　　　　　　　　　　第　页共　页

序号	项目编码	项目名称	计算基础	费率/%	金额/元	调整费率/%	调整后金额/元	备注
		一般措施项目费(不含安全施工措施费)						
1	011707001001	文明施工和环境保护费	人工费预算价＋机械费预算价－(土石方、拆除工程人工费预算价＋土石方、拆除工程机械费预算价)×0.65	0.65	7 849.01			
2	011707005001	雨期施工费	人工费预算价＋机械费预算价－(土石方、拆除工程人工费预算价＋土石方、拆除工程机械费预算价)×0.65	0.65	7 849.01			
		其他措施项目费						
3	011707002001	夜间施工增加费和白天施工需要照明费						
4	011707004001	二次搬运费						
5	011707005002	冬期施工费	人工费预算价＋机械费预算价－(土石方、拆除工程人工费预算价＋土石方、拆除工程机械费预算价)×0.65	0				
6	011707007001	已完工程及设备保护费						
			本页小计					

续表

工程名称：曙光新苑工程　　　　　　　　　　　　标段：　　　　　　　　　　　　第　页共　页

序号	项目编码	项目名称	计算基础	费率/%	金额/元	调整费率/%	调整后金额/元	备注
7	041109005001	市政工程(含园林绿化工程)施工干扰费		4				
		合计			15 698.02			
编制人(造价人员)：				复核人(造价工程师)：				

附表12　其他项目清单与计价汇总表

工程名称：曙光新苑工程　　　　　　　　　　　　标段：　　　　　　　　　　　　第　页共　页

序号	项目名称	金额/元	结算金额/元	备注
1	暂列金额			
2	暂估价			
2.1	材料(工程设备)暂估价	—		
2.2	专业工程暂估价			
3	计日工			
4	总承包服务费			
5	索赔与现场签证			
	合计	0		

注：材料(工程设备)暂估单价进入清单项目综合单价，此处不汇总。

附表13　规费、税金项目计价表

工程名称：曙光新苑工程　　　　　　　　　　　　标段：　　　　　　　　　　　　第　页共　页

序号	项目名称	计算基础	计算基数	计算费率/%	金额/元
1	规费	社会保障费＋住房公积金＋工程排污费＋其他＋工伤保险	120 897.01		120 897.01
1.1	社会保险费	人工费预算价＋机械费预算价	1 208 970.13	10	120 897.01
1.2	住房公积金	人工费预算价＋机械费预算价	1 208 970.13	0	
1.3	工程排污费				
1.4	其他				
1.5	工伤保险				
2	税金	税费前工程造价合计	3 603 297.65	10	360 329.77
		合计			481 226.78
编制人(造价人员)：				复核人(造价工程师)：	

附表14 主要材料和工程设备选用表

工程名称：曙光新苑工程　　　　　　　　　　　　　　　　　　　　　　　　　　　　第1页共1页

序号	材料设备名称	单位	市场价	数量	品牌	厂家	规格型号	备注
1	烧结煤矸石普通砖	千块	288	75.398 1			240 mm×115 mm×53 mm	
2	板枋材	m³	935	85.205 1				
3	预拌混凝土	m³	331	1 235.343 1			C25	
4	脚手架钢管	kg	4.08	4 935.293				
5	硅酸盐砌块	块	7.65	6 808.134			880 mm×430 mm×240 mm	
6	木支撑	m³	1 020	13.168 1				
7	HPB300	kg	3.3	50 774.58			φ10以内	
8	钢筋 HRB400 以内	kg	3.25	35 513.34			φ10以内	
9	钢筋 HRB400 以内	kg	3.25	61 751.125			φ12～φ18	
10	钢筋 HRB400 以内	kg	3.25	12 533.7			φ20～φ25	
11	钢筋 HRB400 以上	kg	3.25	17 095.2			φ10以内	
12	聚氯乙烯防水卷材	m²	30	420.911 4				
13	复合模板	m²	46	3 340.393 3				
14	钢支撑及配件	kg	3.68	6 282.580 9				
15	聚合物粘结砂浆	kg	0.75	33 732.589 8				
16	聚苯乙烯板	m³	320	794.382 4				
17	胶粉聚苯颗粒保温浆料	m³	310	68.542 6				
18	酒精	kg	6.56	12 374.793 6				
19	不锈钢钢管栏杆直线型(带扶手)	m	148	289.654				
20	木脚手板	m³	1 020	12.425 6				

注：本表中所列材料设备应仅限于承包人自行采购范围内的材料设备。本表格可以按照同样的格式扩展。

参 考 文 献

[1] 辽宁省住房和城乡建设厅. 辽宁省建设工程计价依据：房屋建筑与装饰工程定额[S]. 沈阳：万卷出版公司，2017.

[2] 辽宁省住房和城乡建设厅. 辽宁省建设工程计价依据：建筑工程费用标准、施工机械台班费用标准、混凝土砂浆配合比标准[S]. 沈阳：万卷出版公司，2017.

[3] 邱耀，张永伟. 建筑工程计量与计价[M]. 2版. 哈尔滨：哈尔滨工业大学出版社，2017.

[4] 陈林，费璇. 建筑工程计量与计价[M]. 南京：东南大学出版社，2019.

[5] 戴望炎，李芸. 建筑工程定额与预算[M]. 7版. 南京：东南大学出版社，2018.

[6] 中华人民共和国住房和城乡建设部. GB 50854—2013 房屋建筑与装饰工程工程量计算规范[S]. 北京：中国计划出版社，2013.

[7] 中华人民共和国住房和城乡建设部. GB 50500—2013 建设工程工程量清单计价规范[S]. 北京：中国计划出版社，2013.

[8] 中国建筑标准设计研究院. 16G101—1 混凝土结构施工图平法整体表示方法制图规则和构造详图（现浇混凝土框架、剪力墙、梁、板）[S]. 北京：中国计划出版社，2016.

[9] 中国建筑标准设计研究院. 16G101—2 混凝土结构施工图平法整体表示方法制图规则和构造详图（现浇混凝土板式楼梯）[S]. 北京：中国计划出版社，2016.

[10] 中国建筑标准设计研究院. 16G101—3 混凝土结构施工图平法整体表示方法制图规则和构造详图（现浇混凝土独立基础、条形基础、筏形基础、桩基础）[S]. 北京：中国计划出版社，2016.

[11] 丁春静. 建筑工程计量与计价[M]. 北京：机械工业出版社，2014.

[12] 中华人民共和国住房和城乡建设部. GB/T 50353—2013 建筑工程建筑面积计算规范[S]. 北京：中国计划出版社，2014.

[13] 李素萍. 建筑工程定额与预算[M]. 哈尔滨：哈尔滨工业大学出版社，2013.

[14] 赫桂梅，周雯雯. 建筑工程估价[M]. 南京：东南大学出版，2017.

[15] 陈萌，关玲. 装饰工程计量与计价[M]. 重庆：重庆大学出版社，2016.

[16] 林敏，许长青. 建筑工程造价[M]. 南京：东南大学出版社，2016.